变压器检修工艺
典型问题及解析

国网湖南省电力有限公司检修公司　组编

中国电力出版社

CHINA ELECTRIC POWER PRESS

内 容 提 要

本书主要围绕变压器检修工艺典型问题展开，包括变压器本体、变压器调压开关、变压器套管、变压器冷却系统、变压器呼吸系统、变压器非电量保护、变压器其他问题，并结合典型案例对问题进行分析，同时提出措施和建议。

本书理论结合实际，通俗易懂，案例丰富，可供从事变压器检修相关工作的人员使用。

图书在版编目（CIP）数据

变压器检修工艺典型问题及解析 / 国网湖南省电力有限公司检修公司组编. —北京：中国电力出版社，2020.12 (2022.8重印)
ISBN 978-7-5198-5272-6

Ⅰ. ①变… Ⅱ. ①国… Ⅲ. ①变压器–检修–题解 Ⅳ. ①TM407-44

中国版本图书馆 CIP 数据核字（2020）第 267253 号

出版发行：中国电力出版社
地　　址：北京市东城区北京站西街 19 号（邮政编码 100005）
网　　址：http://www.cepp.sgcc.com.cn
责任编辑：孙世通（010-63412326）　代　旭
责任校对：黄　蓓　王海南
装帧设计：王红柳
责任印制：钱兴根

印　　刷：廊坊市文峰档案印务有限公司
版　　次：2020 年 12 月第一版
印　　次：2022 年 8 月第二次印刷
开　　本：710 毫米×1000 毫米　16 开本
印　　张：6.25
字　　数：85 千字
定　　价：22.00 元

《变压器检修工艺典型问题及解析》

本 书 编 委 会

主　任	潘志敏					
副主任	罗志平	唐　信	瞿　旭	毛文奇	周　挺	王建雄
	雷红才	雷云飞	李　卫	黎　刚	章建平	
委　员	刘卫东	刘秋平	侯　赞	尹　旭	孙　威	刘　偿
	龚　杰	夏　立	肖　勇	肖　玮	王智弘	夏建勋
	李琳娟	刘　赟	张国旗			

本 书 编 写 组

主　编	罗志平	孙　威				
副主编	李文志	李俊龙	李　波	郝梓涵		
成　员	董　卓	罗伟原	唐星昱	张　彪	罗　伟	陶　旋
	杨　铁	方毅平	谷应科	阳应伟	罗能雄	杨　旭
	汪一雄	陈国盛	吴世宝	柳　柏	谭　禹	陈在林
	王　柯	谭一粟	周自强	曾　洁	舒国栋	容　易
	陈　杰	朱　娟	蔡智勇			

前　言

　　为加强设备质量检修管理，推进电网高质量发展，打造以特高压为骨干网架、各级电网协调发展的智能电网。国网湖南省电力有限公司检修公司组织一大批优秀的技术、技能专家及现场工作经验丰富的工作人员，坚持"规范、准确、实用"的原则，编写了本书。

　　本书内容包括变压器本体、变压器调压开关、变压器套管、变压器冷却系统、变压器呼吸系统、变压器非电量保护等方面内容。本书立足现场实际，遵循最新的标准、规程、规定及制度的要求，并通过对以往大量现场事故案例的提炼总结，编写而成。

　　为了便于读者吸收和理解该书的内容，切实做到书中内容为现场所用，该书力求做到叙述清晰准确、深入浅出，避免烦琐的理论推导和验证。对一些文字难以准确描述的内容，进行配图或示意图说明，力争做到图文并茂、直观易懂。

　　本书在编写过程中得到了国网湖南省电力有限公司设备部、国网湖南电科院、变压器厂家及调压开关厂家等技术人员的大力支持，在此谨向参与本书编写、研讨、审稿及指导的各位领导、专家和有关单位致以诚挚的感谢！

　　由于编写时间有限，书中难免存在疏漏和不足之处，恳请读者批评指正。

编　者

2020 年 11 月

目　录

1 变压器本体

1.1 变压器本体设计、材质典型问题及解析

典型问题一 ▶ **变压器短路承受能力试验报告或短路承受能力计算报告缺失**

【问题解析】变压器发生内部或近区短路故障时，将会承受很大的短路电流，并在磁场的作用下产生很强的电磁力，如变压器短路承受能力不足，将会导致绕组发生变形，严重影响变压器运行寿命。因此，应在设计阶段确保变压器短路承受能力。同时，设备运维管理单位应在设计阶段取得短路承受能力试验报告或短路承受能力计算报告，并自行进行校核。

【措施建议】500kV 变压器及 240MVA 以上容量变压器，制造厂应提供同类产品短路承受能力试验报告或短路承受能力计算报告，计算报告应有相关理论和模型试验的技术支持。

典型问题二 ▶ **变压器短路承受能力不足**

【问题解析】变压器绕组在漏磁场中承受电动力的作用，在额定电流下电动力并不大。但短路时最大短路电流可达额定电流的 20～30 倍，由于电动力与电流的平方成正比，绕组所受的电动力为额定时的几百倍。因此，当变压器短路承受能力不足时将导致变压器的绕组变形和绝缘损坏。

【典型案例】2011 年 4 月 16 日，某 110kV 线路遭受外力破坏导致对地短路，

相连变电站内主变压器差动保护和重瓦斯保护先后动作，由于该变压器短路承受能力不足，导致中、低压侧绕组严重变形。

【措施建议】加强对短路承受能力不足的变压器的管理和监测，避免发生出口和近区短路，同时对变压器低压侧套管引流线和变电站 10kV 出线 2km 内导线进行绝缘化改造。

典型问题三 ▶ 变压器局部放电试验不合格

【问题解析】变压器局部放电试验是指带有局部放电量检测的感应耐压试验，它是确定变压器绝缘系统可靠性的重要指标之一。局部放电测量作为非破坏性的试验项目，越来越受到大型电力变压器运行管理单位的重视。试验目的是检查变压器内部有没有破坏性的放电源存在，同时还可分析变压器内部是否存在介电强度过高的区域，因为这样的区域可能会对变压器长期安全运行造成危害。

【典型案例】2014 年 7 月，某 500kV 变压器出厂验收时，在完成交流耐压试验、局部放电试验、温升试验后发现本体绝缘油色谱数据异常，出现 0.12μL/L 的微量乙炔，经检查发现高压套管引线锥绝缘破损，出现放电痕迹。

【措施建议】局部放电试验、耐压试验（含外施工频、感应、冲击）、空载和负载试验（结合进行有载调压开关带电切换）、温升试验等试验项目在出厂时须旁站见证；针对 500kV 强迫油循环变压器，局部放电试验应分别在油泵全部停止和全部开启时（除备用油泵）进行两次试验。

典型问题四 ▶ 变压器绕组变形问题

【问题解析】绕组变形将会严重危及变压器运行安全。防止变压器绕组变形主要在于"堵"和"检"："堵"在于减少变压器的短路冲击次数；"检"则需通过绕组电容量、短路阻抗和频响曲线等试验判断绕组是否发生变形。

【典型案例】2015 年 9 月 11 日,某 110kV 变压器通过电气试验发现低压侧绕组电容量增长 8.1%,部分挡位的低电压短路阻抗测试值纵差和横差均超过标准值,频率响应曲线显示绕组变形。经吊罩检查发现变压器绕组严重变形,绕组绝缘出现破损,短路承受能力已大幅下降。绕组变形图和绝缘垫块散落图如图 1−1 和图 1−2 所示。

图 1−1　绕组变形图　　　　图 1−2　绝缘垫块散落图

【措施建议】110（66）kV 及以上电压等级变压器在出厂和投产前,应同时采用频响法和低电压短路阻抗法进行绕组变形测试,并保留特征图谱与原始数据。对未开展过绕组变形测试的变压器,应结合停电试验采用变压器频响法和低电压短路阻抗法测试绕组变形初值并保存。对承受过出口或者近区短路的变压器,应进行包括绕组变形在内的诊断性试验,必要时进行局部放电试验。

典型问题五 ▶ 变压器标准化选型不符合要求

【问题解析】所有部件或附件采购订货时必须按标准化进行选型,不可采用与系统标准差异较大或工作原理、质量未被系统认可的部件或技术。

【典型案例】2011 年 10 月 11 日,某 220kV 变压器采用乌克兰新技术,在冷却器管道与本体油箱结合处设计了挡气环,以防止油箱顶部气体通过冷却器进入油箱底部。当变压器抽真空时箱体发生变形,导致挡气环与上夹件碰触(如图 1-3 所示),夹件对地绝缘电阻为零。

【措施建议】在满足系统需要的前提下,变压器结构应简单可靠,不采用壳式结构。制定变压器订货技术条件时,坚持标准化选型原则,应方便备品替换。

图 1-3 油箱内部的挡气环与上夹件

典型问题六 ▶ 变压器出厂前未按要求进行整体预装及试验

【问题解析】新变压器在出厂前按照现场实际附件进行整体预装和试验,可以提前发现附件存在的问题,并及时处理。

【典型案例】2013 年 3 月 6 日,某 220kV 变压器由于监造时未对散热器进行预装和注油密封试验,现场安装时发现变压器散热片焊接处有砂眼,出现渗油。

【措施建议】220kV 及以上变压器监造时,要求主要附件在出厂前均应按实际使用方式进行预装、注油、加压密封试验等工序,验收时变压器安装的套管、调压开关、冷却装置等附件必须是实际供货产品,设备运维管理单位需现场见证。

典型问题七 ▶ 油色谱在线监测装置未装或未接入状态监控系统

【问题解析】新建、改(扩)建变电站的变压器油色谱在线装置必须在技术协议中写明在线监测数据是否接入省公司状态监控系统或 PMS 系统,防止基建验收时出现争议。

【典型案例】2015 年 9 月 2 日，某 500kV 变电站新建时由于未在技术协议中写明将在线监测数据接入 PMS 系统等要求，导致后期因供应商不愿承担数据接入费用而未在验收阶段实现油色谱在线数据监测和分析功能。

【措施建议】新建、改（扩）建的 220kV 及以上变压器、高压并联电抗器应配置多组分油中溶解气体在线监测装置；在线监测装置应随变压器同步投产，投产前应完成现场调试及验收，监测数据应接入省公司状态监控系统或 PMS 系统。

典型问题八 ▶ 变压器本体阀门无开闭指示或材质不合格

【典型案例】2012 年 5 月，某 220kV 变压器在更换气体继电器过程中，将气体继电器两侧阀门关闭。工作完成后，由于没有开闭指示，阀门未正确开启，导致变压器送电后压力释放阀动作。

【措施建议】加强变压器阀门质量及连接工艺管控，阀门应为不锈钢、铸钢或铸铜材质，并带有开闭指示。采购部门应将相关要求纳入设备招标采购技术规范书内。

典型问题九 ▶ 变压器波纹管两端口同心偏差较大

【问题解析】如果波纹管两端口同心偏差较大（如图 1-4 和图 1-5 所示），波纹管可能因长期承受横向剪切力导致断裂渗漏油，严重危及变压器安全运行。

图 1-4　波纹管严重变形　　　　图 1-5　波纹管两端水平高度不一致

【措施建议】波纹管在安装后两端口同心偏差不大于10mm,同时明确波纹管限位螺栓的安装方式,确保波纹管可以正常伸缩。

典型问题十 ▶ 储油柜未设置爬梯或者设置不合理

【问题解析】变压器在进行注排油、整体密封试验、抽真空等工作时都需要爬到储油柜顶部进行操作,因此,储油柜必须设置爬梯方便作业人员上下,且爬梯应注意与带电部位的安全距离。

【典型案例】2014年5月,某220kV变压器在出厂验收过程中,发现变压器储油柜上未设置爬梯,不方便现场安装及检修工作,提出整改。

【措施建议】本体侧面及储油柜上要设置合适高度的爬梯,以方便检修人员上下。同时,爬梯应注意与带电设备的安全距离,不得高于储油柜顶部。

典型问题十一 ▶ 变压器事故排油阀未设置弯头或者弯头底部未装钢化玻璃

【问题解析】事故放油阀设置弯头,且弯头方向朝下,在进行事故排油时,可以防止油流喷溅。弯头底部应装设钢化玻璃,是为了方便在发生事故需排油时,可迅速敲碎玻璃,顺利排油。

【典型案例】2014年5月,某220kV变压器在巡视中发现事故放油阀渗油(如图1-6所示),进一步检查发现事故放油阀出口处未装设钢化玻璃(如图1-7所示),阀门长期与潮湿空气接触,致使阀门锈蚀、密封圈老化,导致阀门渗油。

图1-6 事故排油阀渗油　　图1-7 事故放油阀出口无钢化玻璃

【措施建议】变压器本体底部应有事故放油阀，且事故放油阀应设置弯头，弯头底部应装设钢化玻璃。

典型问题十二 ▶ 进行全真空注油的大型变压器，使用空心结构油位计

【问题解析】空心结构的油位计浮球，内部存在气体。当储油柜与变压器本体连通同时抽真空时，浮球外面接近真空，浮球壁承受一个由内向外的压力，当浮球壁存在有薄弱部位时，很可能发生破裂，导致浮球进油，浮球下沉，引起油位计指示不正确。

【典型案例】2012 年，某 220kV 变压器检修后采用全真空注油方式注油。投运后发现该变压器的油位指示接近于 0。经停电检查发现，油位计浮球发生破裂，内部装满绝缘油。经分析认为油位计浮球在抽真空时发生破裂，随着绝缘油的不断浸入，浮球下沉，最终导致油位指示为 0。

【措施建议】对于可进行全真空注油的大型变压器，不应采用空心结构的油位计浮球。

典型问题十三 ▶ 电缆槽盒、连接软管、有载调压开关传动连杆及抱箍采用易锈蚀材质材料

【问题解析】户外变压器运行环境较为恶劣，电缆槽盒、连接软管，有载调压开关传动连杆及抱箍，如采用质量较差的钢材，容易出现严重锈蚀，导致内部受潮、强度不够等问题。

【典型案例】2013 年 7 月，某 220kV 变压器 4 号冷却器风机故障停运，经检查发现该风机电缆软管采用劣质钢材，内部全部锈蚀积水，电缆绝缘外皮常年浸水，腐蚀严重，导致相间短路。

【措施建议】接线盒引至本体端子箱的二次电缆应采用 304 材质不锈钢槽盒布线；连接软管采用 304 材质不锈钢，软管两端应采用接头固定连接；有载

调压开关传动连杆及抱箍材质应采用 304 不锈钢。

典型问题十四 ▶ 变压器顶盖密封结构设计不合理

【典型案例】某 35kV 变压器多次出现铁芯夹件多点接地及绝缘下降的情况。经吊罩检修发现，顶盖的密封法兰设计不合理，在放置密封橡皮的沟槽外侧还存在一道密封槽。因法兰密封不良，导致该密封槽积水，在外槽内形成了一个高湿环境，使得顶盖快速锈蚀，顶盖铁锈脱落掉入器身内部，导致铁芯、夹件多点接地。顶盖与器身结合处结构图如图 1-8 所示。密封槽积水处锈蚀如图 1-9 所示。

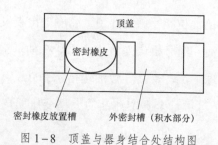

图 1-8　顶盖与器身结合处结构图

图 1-9　密封槽积水处锈蚀

【措施建议】变压器顶盖密封处若在放置密封橡皮的沟槽外侧，还存在一道密封槽，应采取防止密封槽积水的有效措施，同时密封槽处金属材料应做好防锈措施，防止密封槽锈蚀后进入箱体内。

1.2 变压器铁芯、夹件典型问题及解析

典型问题一 ▶ 铁芯、夹件多点接地

【典型案例】2011 年 1 月，某 110kV 变压器因铁芯底部夹件的紧固螺栓未进行绝缘化处理（如图 1-10 所示），引起多点接地，夹件接地点局部过热，导致油中总烃超标，每月相对产气速率达 70%。

图 1-10 变压器底部支撑紧固螺栓

【措施建议】变压器铁芯、夹件紧固螺栓在安装时应进行绝缘化处理，避免多点接地。

典型问题二 ▶ 铁芯接地连接片或引出线绝缘不合格

【典型案例】2010 年 4 月 27 日，某 220kV 变压器油中溶解气体含量异常，总烃增长较为明显。经吊罩检查发现，该变压器铁芯部分极间（1-2、2-3、5-6、6-7）绝缘电阻值偏低，其中 6-7 极间绝缘电阻值为零，存在极间短路故障。短路部位与铁芯接地连接片形成闭合回路，产生环流，引起铁芯内部局部过热，导致油中溶解气体含量异常。铁芯结构截面示意图如图 1-11 所示，极间绝缘电阻测量接线图如图 1-12 所示。

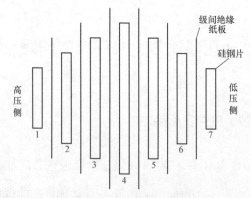

图 1-11　铁芯结构截面示意图

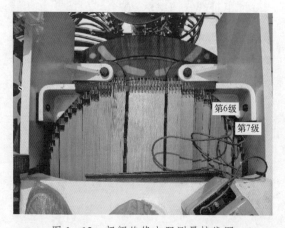

图 1-12　极间绝缘电阻测量接线图

【措施建议】在出厂、交接和例行试验中，应重点测量铁芯、夹件绝缘电阻是否合格，并记录绝缘电阻变化趋势。

典型问题三 ▶ 变压器器身定位件安装不当或投运前未拆除

【问题解析】在变压器本体运输过程中，为防止器身发生偏移，变压器厂家均会在器身顶部安装定位装置。大部分定位装置均与上夹件直接接触，在投运前需拆除，否则会造成铁芯、夹件多点接地故障。器身运输定位装置如图 1-13 所示。

图 1-13　器身运输定位装置

【典型案例】2010 年 8 月，某 110kV 变压器例行试验时发现，油中溶解气体含量异常，夹件接地电流超标。停电检查后，发现该变压器运输定位装置未拆除，定位装置与上夹件之间绝缘薄弱，长期存在过热和轻微放电，导致绝缘破损而引起夹件多点接地故障。

【措施建议】变压器出厂和投运前应检查定位件是否安装或拆除，防止运输过程中器身发生偏移或防止运行中出现铁芯、夹件多点接地故障。

典型问题四 ▶ 铁芯、夹件接地线未引至合适位置，无法在运行中监测接地电流大小

【问题解析】对于大容量变压器铁芯、夹件有且只有一点接地，当出现多点接地状况时，铁芯、夹件将会形成环流，引起局部过热甚至放电。将铁芯、夹件接地线引至合适位置，方便对铁芯、夹件接地电流进行监测。

【措施建议】铁芯、夹件通过小套管引出接地的变压器，应将接地引线引至适当位置，以便在运行中监测接地线中是否有环流，当运行中环流异常变化，应尽快查明原因，严重时应及时处理。

典型问题五 ▶ 铁芯、夹件接地电流超标

【典型案例】某变压器例行试验时，发现夹件多点接地，采用电容放电冲击法排除故障，但效果不是很理想，夹件多点接地故障未能排除。投运后测量夹件电流仍高达 8A，后续在夹件接地排上串联一个电阻器将接地电流限制在 100mA 以下。

【措施建议】当铁芯、夹件接地电流大于 300mA 时，应在接地点串联限流电阻，将接地电流限制在 100mA 以下。

1.3 变压器本体维护、检修典型问题及解析

典型问题一 ▶ 变压器绝缘油铜离子含量异常

【问题解析】变压器长期运行后绝缘油中会产生金属铜离子，而铜离子含量超标，可能导致变压器整体绝缘性能降低甚至损坏，严重危及变压器安全运行。

【典型案例】2012 年 9 月 26 日，某 220kV 变压器因铜离子含量高达 1.2mg/kg，在例行试验中发现该变压器绕组、铁芯等部件的绝缘电阻明显下降。

【措施建议】对于油中铜离子含量大于 0.5mg/kg 的变压器，应按照要求开展油化检测工作，并不得延长 C 类检修周期。同时应结合变压器其他绝缘试验项目的情况，综合分析后，再决定是否进行绝缘油吸附及钝化处理。

典型问题二 ▶ 变压器差动范围内绝缘子爬电比距不满足要求

【典型案例】2011 年 2 月 24 日，某发电厂 2 号发电机组跳闸、励磁变压器烧损（如图 1-14 所示），现场检查发现高压侧 A 相电流互感器发生爆炸（如图 1-15 所示），且表面脏污严重。事故原因是励磁变压器高压侧 A 相电流互

感器绝缘子爬电比距不满足污秽等级要求，发生外绝缘闪络爆炸，导致励磁变压器故障烧损。

图 1-14 励磁变压器烧损　　　图 1-15 电流互感器爆炸

【措施建议】变压器差动范围内设备绝缘子的爬电比距应与现场最新污秽等级相匹配，对于爬电比距不满足要求的绝缘子应进行增爬、改造或更换。

典型问题三 ▶ 变压器家族性缺陷治理

【问题解析】家族性缺陷是指经确认由设计、材质或工艺共性因素导致的设备缺陷。对于具有家族性缺陷的变压器应及时开展治理，避免造成严重后果。

【措施建议】对于需停电才能进行的家族性缺陷治理的项目（如老式弹簧结构的套管末屏），应清理出需要排查的变压器，制定排查治理计划，并纳入月度或年度停电检修计划中；对于已开展过排查治理的设备应进行详细记录，建立家庭性缺陷专项治理档案。

典型问题四 ▶ 气体继电器、压力释放阀、突发压力继电器、温度计等校验问题

【问题解析】气体继电器、压力释放阀、突发压力继电器及温度计等安装前需校验的设备应提前委托有校验资质的单位对其进行校验和整定。动作定值应由设备运行管理部门按照系统设计值给出。

【典型案例】2014 年 8 月，某 220kV 变电站 1 号和 2 号主变压器同时进行气体继电器校验。两台变压器的气体继电器型号相同，但整定值不一样。由于校验人员未提前与现场负责人沟通，导致现场安装人员将两台气体继电器装错。

【措施建议】气体继电器、压力释放阀、突发压力继电器及温度计安装前应进行校验。如果同时有多台同类型的部件进行校验，应提前对各设备做好标记，以防混淆。

典型问题五 ▶ 变压器负压进气处置不当造成气体继电器发信或动作

【典型案例】某 500kV 变压器储油柜胶囊破裂，绝缘油进入胶囊后导致胶囊过重下沉而堵塞储油柜至本体的油路管道。当本体油温降低，由于储油柜内绝缘油无法及时回流本体油箱，致使本体油箱内部产生负压。同时，气体继电器内部油面下降导致轻瓦斯报警。当油化人员取油样时，因变压器内部负压大量进气导致重瓦斯动作跳闸。

【措施建议】在变压器本体进行取油工作时，如发现取油阀不出油或大量进气，应立即停止取油工作，并迅速关闭取油阀门，防止本体大量进气引发轻瓦斯或重瓦斯动作。

典型问题六 ▶ 充氮运输的变压器因氮气压力不足导致器身受潮

【问题解析】根据相关规定，充气运输的变压器，必须密切监视气体压力，压力过低时（低于 0.01MPa）要补充干燥气体，现场放置时间超过 3 个月的变压器应注油保存，并装上储油柜和胶囊，严防进水受潮。

【措施建议】对充氮搬运的变压器，应装有压力监视表（如图 1-16 所示）和氮气瓶，确保变压器在搬运途中始终保持正压，氮气压力应保持 0.01～0.03MPa，氮气纯度要求不低于 99.99%，并派专人监护押运。

图1-16　氮气压力监视表

典型问题七 ▶ 变压器运输过程中受到冲击

【问题解析】变压器在运输过程中受到冲击，可能导致内部绕组、铁芯等部件发生移位、变形或损伤，将严重危及变压器的安全稳定运行。因此，必须按照规定安装合格的三维冲击记录仪，且三维冲击记录仪应在本体就位后方能拆除。三维冲击记录仪如图1-17所示。

图1-17　三维冲击记录仪

【典型案例1】2015年11月，某220kV变压器在到货验收时发现变压器在运输过程中出现超过3g的冲击记录，项目管理单位立即组织变压器制造单位、监理单位和用户进行分析讨论，并要求制造单位提供正式的书面解释函。

【典型案例2】2009年3月，某变压器在运输过程中出现严重冲击情况，经电气试验发现夹件对地绝缘不合格，因此决定返厂检查处理。经厂内检查发现，在冲击力作用下下夹件与箱体之间的绝缘纸板移位，导致下夹件与箱体直接接触。

【措施建议】110kV及以上变压器运输中应安装量程合适、带有计时功能的三维冲击记录仪。在验收时应检查三维冲击记录仪的全部记录，冲击记录在运输过程中不允许中断，冲击超过允许值时，应与项目管理单位沟通，对其进行分析，制定处理结果，并出具相关正式报告。

典型问题八 ▶ 变压器本体就位时，变压器重心与基础中心不一致

【问题解析】变压器油箱壁上应设置变压器重心标识，在变压器本体就位时，应按照设计图纸上的标注，使变压器重心标识与承重基础的中心重合，误差范围应符合相关规定。

【典型案例】2010年9月，某220kV变压器在就位过程中，因本体油箱壁上未标明重心标识，安装人员就位时将中心位置误认为是重心位置，导致变压器安装时基础就位不准，套管安装位置偏位，严重影响后续安装工作。

【措施建议】本体油箱壁上应有变压器重心标识，本体就位时应核实基础中心位置是否与变压器重心位置一致。

典型问题九 ▶ 变压器就位过程中，未在本体指定位置对变压器进行顶升操作

【问题解析】使用千斤顶顶升变压器时，应在本体指定部位进行顶升，以防油箱外壳变形，同时在顶升过程中应注意变压器两侧高度差不能太大，以防

止变压器倾斜。

【典型案例】2008 年 6 月，某 220kV 变压器在就位过程中，施工单位为减少反复移动钢轨的工作量，将千斤顶放置在非指定顶升位置进行操作，导致变压器箱体局部凹陷变形。

【措施建议】变压器就位过程中应在本体指定位置进行顶升。就位过程中应随时检查变压器的位置与承重基础和各侧设备的位置是否对正，确保后续工序（套管引线连接等）顺利进行。

典型问题十 ▶ 变压器检修时干燥空气注入不及时导致器身受潮风险增大

【问题解析】干燥空气发生器较容易发生故障，且部分干燥空气发生器至少需要 1h 的运行时间方能使空气露点满足要求。如果在破除本体真空之后才启动干燥空气发生器，会使器身露空时间加长，增加了器身受潮的可能性。

【典型案例】2010 年 8 月，某 220kV 变压器在安装过程中未提前开启干燥空气发生器，变压器破真空后发现干燥空气发生器故障，无法启动，施工人员只能将变压器重新封存并补入高纯度氮气。

【措施建议】变压器本体真空破除前，干燥空气发生器应提前开启，并确认工作状态良好，确保真空破除后能及时向变压器内部持续充入露点低于–40℃的干燥空气。

典型问题十一 ▶ 进入变压器油箱内部进行器身检查问题

【问题解析】在检查变压器器身时应由专人进行，防止由于人员不熟悉内部结构而导致人身伤害或损伤器身。在进人之前，应排出运输时注入的氮气，并持续充入合格的干燥空气，防止人员窒息和外部湿气进入器身内部。器身检查人员应穿着专用的检修工作服和鞋，并戴清洁手套，寒冷天气还应戴口罩，照明应采用低压行灯。进行器身检查所使用的工具应由专人保管并应编号登记（如图 1–18

所示），防止遗留在油箱内或器身上。在整个检查过程中，应设置专人监护，与进入器身内部人员保持沟通，一旦发现人员身体不适，应立即停止检查。

【措施建议】变压器安装前应进行器身进人检查。检查过程中要持续充入干燥空气，防止人员窒息和内部受潮，检查所使用的工具应由专人保管并应编号登记，防止遗留在油箱内或器身上。

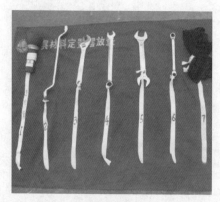

图 1-18　器身检查专用工具

典型问题十二 ▶ 变压器抽真空导致箱体变形

【典型案例 1】2012 年 8 月，施工人员发现某 220kV 变压器在抽真空时下节油箱底板多处渗油，经检查发现变压器箱体底板焊接质量较差，无法承受高真空，导致焊缝在高真空状态下破裂渗油。变压器箱体渗油如图 1-19 所示。

图 1-19　变压器箱体渗油

【**典型案例 2**】2015 年 7 月，某 110kV 变压器在抽真空过程中，由于变压器制造工艺不良且施工人员未密切关注箱体变形情况，导致箱体持续变形超过箱壁厚度的 2 倍，箱体发生不可恢复的形变。

【**措施建议**】110kV 及以上变压器必须按要求进行真空注油。本体抽真空时，应持续观察油箱箱壁的变形量，确保箱壁一般局部弹性变形不超过箱壁厚度的 2 倍。

典型问题十三 ▶ 变压器抽真空过程中，使用麦氏真空计

【**典型案例**】2009 年 7 月，某 220kV 变压器在抽真空过程中违规使用麦氏真空计测量本体真空度。因未按照标准步骤操作，导致麦氏真空计的水银被抽至储油柜胶囊内部。

【**措施建议**】变压器检修时禁止使用麦氏真空计，防止真空计中的水银倒灌进本体。

典型问题十四 ▶ 变压器绝缘油指标不合格

【**典型案例**】2005 年 9 月，某 220kV 变压器在安装过程中，对新油进行油化试验时发现微水和油耐压均不合格，分析认为是绝缘油在运输过程中因油罐顶部法兰密封不严导致绝缘油受潮。

【**措施建议**】变压器新油应由厂家提供新油无腐蚀性硫、结构簇、糠醛及油中颗粒度报告。到达现场之后，应取油样进行耐压值、介损、微水、油色谱分析等各项试验，各项指标应符合相关标准规范要求。

典型问题十五 ▶ 变压器注油不规范

【**问题解析**】在真空注油时应重点关注以下几点：

（1）一般抽真空时间为 1/3～1/2 暴露空气时间。

（2）抽真空完成之后，使用真空滤油机进行真空注油。注油时应对变压器油进行加热，出口油温控制在 60℃为宜。

（3）以 3～5t/h 的速度将油注入变压器。对于不能承受全真空注油的变压器，油位距箱顶 200～300mm 时应停止注油，并继续抽真空保持 4h 以上。

【措施建议】新安装的变压器在抽真空时间达到要求后，应严格按照规定进行真空注油，注油速度等均应达到要求。

典型问题十六 ▶ **绝缘油吸附处理，板式滤油机置于真空滤油机之后，造成气体进入变压器**

【典型案例】2012 年 9 月，某 220kV 变压器在进行绝缘油铜离子吸附处理中发生压力释放阀动作，变压器喷油。经分析认为，在吸附处理回路（如图 1－20 所示）中，板式滤油机放置在真空滤油机的后端，板式滤油机在油流量不稳定的情况下，将空气不断抽入变压器内，胶囊被挤压收缩至最小后，变压器内压力不断增大，压力释放阀动作。胶囊未被挤压前的状态和被挤压后的状态如图 1－21 和图 1－22 所示。

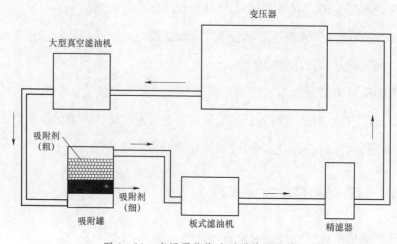

图 1－20　变压器绝缘油吸附处理回路

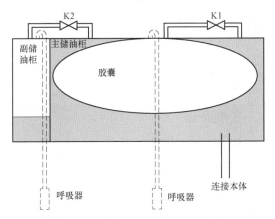

图 1-21 胶囊未被挤压前的状态

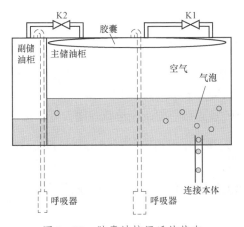

图 1-22 胶囊被挤压后的状态

【措施建议】进行变压器绝缘油吸附处理时，如使用板式滤油机，应确保变压器油先经板式滤油机过滤后再进入真空滤油机，防止板式滤油机将大量空气带入变压器内部导致压力释放阀动作。

典型问题十七 ▶ 变压器抽真空过程中未拆除吸湿器

【典型案例】2012 年 6 月，某 220kV 变压器调压开关排油处理渗油缺陷。注油前对调压开关进行抽真空，将主储油柜、副储油柜及胶囊连通，从主储油柜吸湿器处抽真空。因为未拆除调压开关储油柜的吸湿器，在抽真空过程中将调压开关吸湿器内的硅胶吸入至副储油柜中。变压器抽真空示意图如图 1-23 所示。

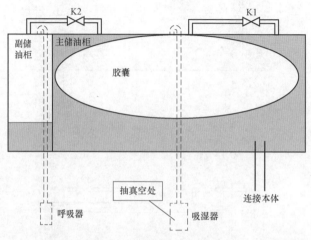

图 1-23 变压器抽真空示意图

【措施建议】变压器抽真空前,应检查各阀门处于正确位置,拆除调压开关吸湿器,并将调压开关呼吸器管道密封,防止吸湿器内硅胶被吸入到储油柜内。

典型问题十八 ▶ 变压器抽真空后破除真空不规范

【问题解析】变压器全真空注油时要时刻关注本体油位,注油完毕后破真空要缓慢,防止胶囊进气过快导致胶囊破裂或油位计连杆变形。如未采用全真空注油方式,则应进行二次补油。补油时需经储油柜注油管注入,严禁从下部油箱阀门注入。补油完毕后,应从吸湿器管道对胶囊充气,将储油柜内残留气体排出。

【典型案例 1】2007 年 2 月,某 220kV 变压器在破除真空时,因阀门完全打开导致储油柜胶囊快速膨胀而被储油柜内挂钩刺破。

【典型案例 2】2013 年 6 月,运行人员巡视发现某 220kV 变压器本体吸湿器管道喷油,红外检测油位无异常。后经检查发现储油柜胶囊未完全展开,且胶囊内部有少量余油,储油柜与胶囊之间存在大量气体。经分析认为该变压器安装时，抽真空注油工艺不当，油位过高，导致绝缘油经过旁通阀进入胶囊。同时，破真空时未关闭储油柜与胶囊的旁通阀，导致储油柜大量进气，胶囊未充分舒展。在高温大负荷期间，本体油位上升，胶囊受到挤压，将胶囊内部积油喷至吸湿器内。

【措施建议】变压器全真空注油时要持续关注油位，在注至"油温—油位"曲线对应的油位后，应先关闭抽真空阀门，再关闭有载调压开关与本体油箱之间、胶囊与储油柜之间的旁通阀，然后缓慢破真空至胶囊完全充气，防止胶囊过快膨胀造成油位计或胶囊损伤。

典型问题十九 ▶ 变压器热油循环过程中渗漏油

【典型案例】2007年9月，某500kV变压器热油循环过程中，值班人员发现真空滤油机的真空泵排气口大量喷油，滤油机附近已积有大量绝缘油。

【措施建议】热油循环过程中，应加强巡视，防止设备、管道及接头部位渗漏油、电缆过热等情况发生。

典型问题二十 ▶ 变压器大修后未进行充分排气

【问题解析】变压器进行热油循环处理后，设备本体将有残余气体，如果未进行充分排气可能引起轻瓦斯频繁告警等缺陷。

【典型案例】2013年8月，某500kV变压器A相在热油循环后未能排尽本体内残余气体，部分散热片上部残留大量气体，导致散热片内绝缘油无法充分流动，在投运后该相变压器的温度高于另两相约10℃，且经红外测温发现部分散热片温度分布异常。将散热片内残余气体排净后，该相变压器温度显示正常。

【措施建议】变压器经过油循环处理后，应通过各套管升高座、母管、散热器、气体继电器等放气塞对其进行充分排气。

典型问题二十一　本体端子箱、调压开关机构箱、冷控箱内各元器件、快分开关无中文标识

【问题解析】各元器件须粘贴中文标识，满足设备的运行要求，方便相关人员的维护检修，发现故障时更能准确描述故障点，也能帮助检修人员迅速排查故障，处理故障。

【措施建议】本体端子箱、调压开关机构箱、冷控箱内各元器件、快分开关不仅应有图纸对应编号，还应有中文标识，准确说明其功能或作用。

典型问题二十二　变压器检修后，阀门未恢复正常开闭状态

【问题解析】变压器检修后，检修人员不检查核对（或运行人员不验收）气体继电器两侧阀门、压力释放阀底座阀门、储油柜与胶囊的旁通阀、主储油柜与副储油柜的旁通阀、吸湿器的连接阀门、排油充氮灭火装置的截流阀、冷却器及油泵的管道连接阀等阀门的开闭位置是否正确。

【典型案例】2009 年 11 月 11 日，某 220kV 变压器检修后，本体油箱与储油柜之间管道阀门切换至关闭状态后未恢复（如图 1-24 所示），储油柜无法调节本体油位，导致投运后压力释放阀动作喷油，变压器被迫停运。

图 1-24　阀门处于关闭状态

【措施建议】变压器投运前，要核对变压器本体和附件上相关阀门开闭位置的正确性。

典型问题二十三 油位计、压力释放阀、套管电流互感器、火焰探测器等二次电缆高挂低用造成误发信

【典型案例】2015 年 11 月，某 220kV 变压器例试检修，在处理火焰探头告警缺陷时发现多个火焰探头存在二次电缆高挂低用的现象，导致探头接线盒进水，接点间绝缘能力降低而故障发信。

【措施建议】对于变压器非电量保护装置（气体继电器、油位计、压力释放阀等）、套管电流互感器、火焰探测器等二次电缆应避免高挂低用的情况，否则应采取防止二次电缆进水的措施，如反水弯。

典型问题二十四 户外长期使用的电缆夹具采用塑料材质

【问题解析】塑料材质在户外长期使用容易脆化破损，导致二次电缆失去固定，以往曾多次出现过油温表、感温线等固定绑扎带为塑料制品而散落失去固定的情况。

【措施建议】户外二次电缆安装固定应采用不锈钢式或其他具有户外长期使用性能的电缆夹具，严禁采用塑料带绑扎。

典型问题二十五 变压器检修过程中二次电缆接线错误

【典型案例】2015 年 5 月，某 220kV 变压器的压力释放阀在恢复二次接线时未充分核对电缆标记，造成接线错误，导致在信号调试时出现压力释放阀误报警。

【措施建议】设备检修过程中，如需进行一次引线或二次电缆的拆除和恢复等工作，在拆除前要做好标记并拍照记录，在恢复时要按所做标记进行恢复，确保接线无误。

典型问题二十六　变压器试验过程中应采取防火措施

【问题解析】在变压器吊罩（或排油）检修试验时应防止高压试验导致失火。国内曾发生高压试验导致变压器失火的惨痛教训。

【典型案例】某 220kV 变压器排油检查铁芯"多点接地"故障，错误地采用铁芯施加 220V 交流电以观察接地点冒烟的方法，致使 B 相线圈底部起火，后经二氧化碳灭火器灭火，虽未造成整台变压器烧毁，但 B 相底部绝缘烧损，需进行更换。

【措施建议】现场进行变压器试验时，应做好防火措施，防止试验过程中产生放电或电弧，点燃油气引发火灾。

典型问题二十七　变压器补油前未按要求开展混油试验

【问题解析】不同牌号绝缘油或新油与运行油混合，在成分差异较大时会降低变压器油的绝缘性能，危害变压器安全运行。

【措施建议】变压器补油前应尽量使用相同牌号、相同产地的绝缘油，同时，应先做混油试验，合格后方可使用。

典型问题二十八　油色谱在线监测装置未与离线数据对比

【问题解析】变压器出现油色谱异常的情况并不少见，而多组分油中溶解气体在线监测装置能够准确地反映和记录变压器的运行状况和缺陷性质，但由于油色谱在线监测装置的色谱柱有一定寿命，反复使用后，灵敏度、准确度会有所变化，导致对检测数据产生误判。

【措施建议】油中溶解气体在线监测装置每年应至少进行一次与离线检测数据的比对分析。

2 变压器调压开关

2.1 调压开关选型典型问题及解析

典型问题一 ▶ 调压开关选型问题

【问题解析】早期的无机械限位有载调压开关建议不使用，因为机械限位功能可以有效防止有载调压开关的越位发生，对于新购置设备应具备此功能。对无机械限位功能的有载调压开关，检修完毕后应增做变比试验，可防止错位发生。而早期换流变压器的 ABB 有载调压开关束缚电阻采用微动开关临时接入方式（存在接触不良的风险），会造成油色谱异常，故束缚电阻应采用常接方式。早期的 ABB 有载调压开关接线图和束缚电阻图如图 2–1 和图 2–2 所示。

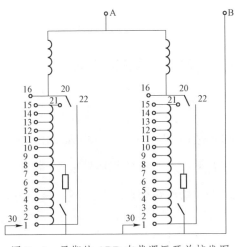

图 2–1 早期的 ABB 有载调压开关接线图

图 2-2　早期的 ABB 有载调压开关束缚电阻图

【**典型案例**】1997 年 1 月，某换流站极 1 号换流变压器 V 相调压开关操作中发生爆炸起火。其事故原因为有载调压开关的选择开关无机械限位功能，调压开关换向齿轮由于进水生锈，轴承滚珠脱落，造成伞形齿轮啮合不良引起机械错位，在极限位置分接切换时、极间电压下不能消弧，引起爆炸起火。

【**措施建议**】110~220kV 变压器应采有载调压方式，调压开关可选用真空型；500kV 变压器在满足电网电压波动范围的情况下优先选用无励磁调压方式。新购有载调压开关的选择开关应有机械限位功能，束缚电阻应采用常接方式。

典型问题二 ▶ 有载调压开关轻、重瓦斯问题

【**问题解析**】目前有载调压开关分为真空灭弧式和油灭弧式两种方式，油灭弧方式有载调压开关在挡位调整时，因为电弧作用，必然导致绝缘油分解产生气体，如果配置带轻瓦斯报警功能的气体继电器，将会导致运行中频繁发信。

【**措施建议**】油灭弧方式的有载调压开关应配置油流速动继电器（只有重瓦斯，无轻瓦斯），而真空灭弧方式的有载调压开关可配置带轻瓦斯报警功能的气体继电器。

2.2 调压开关调试、试验典型问题及解析

典型问题一 ▶ 调压开关挡位调节问题

【案例分析】2006 年 8 月，某 220kV 变压器吊罩大修后进行有载调压开关调试时，在电动机构挡位与机械挡位不一致的情况下，直接使用电动操作机构进行调挡，在机械限位后继续电动调挡，导致调压开关主轴断裂。

【措施建议】有载调压开关进行电动调节挡位时，应先进行手动调挡测试（正反各摇一个循环），确认挡位准确无误后，方能使用电动操作。

典型问题二 ▶ 变压器因调压开关造成直阻不合格问题

【典型案例】2013 年 4 月 23 日，某 220kV 变压器例行试验时发现高压绕组 10～17 挡直阻相间互差超过规程要求的 2%。因 1～9 挡直阻正常，可排除切换装置内动静触头、分接选择器与各引线接触不良的可能。

该变压器高压绕组固定在 4、5 挡运行，负极性触头长期浸泡在油中，表面形成油膜或氧化膜等非导电物质导致 A、B 相直流电阻偏大的可能性比较大。现场对调压开关进行约 100 次极性转换操作后（8～10 挡间来回调挡），A、B 相的直阻逐渐趋于正常。

M 型调压开关正负极性转换时动作情况如图 2-3～图 2-6 所示。

【措施建议】对于分接位置长期固定在几个挡位运行的变压器，如直阻试验异常，应考虑因分接选择器、极性转换开关长期闲置产生油膜或氧化膜等因素，处理方式可采用多次循环切换调压开关以清除触头表面非导电物质。

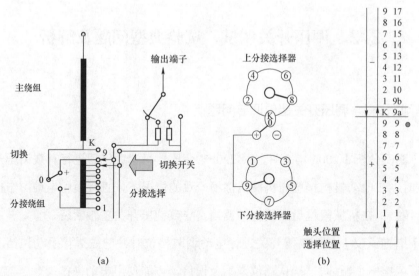

图 2-3 分接选择器处于 9 触头位置

（a）线路图；（b）机械图

注：此时分接选择器处于 9 触头，准备向极性切换触头即 K 触头接近，极性开关处于"+"极性位置。

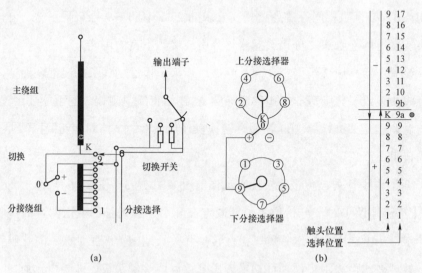

图 2-4 分接选择器处于 K 触头位置 1

（a）线路图；（b）机械图

注：此时分接选择器处于 K 触头，极性开关准备从"+"极性位置向"-"极性位置换位。

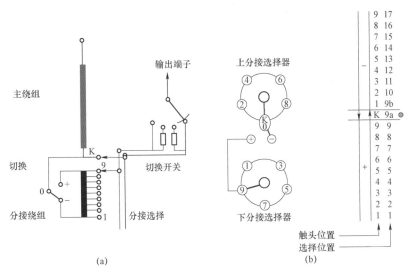

图 2-5 分接选择器处于 K 触头位置 2

（a）线路图；（b）机械图

注：此时分接选择器处于 K 触头，极性开关完成从"+"极性向"-"极性换位。

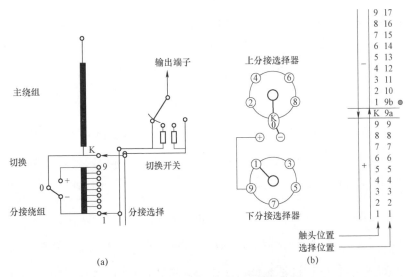

图 2-6 分接选择器处于 1 触头位置

（a）线路图；（b）机械图

注：此时分接选择器处于 1 触头位置，调压器绕组进入"-"极性调压状态，
"-"极性触头附加电阻已串于回路中。

典型问题三 ▶ 调压开关挡位核对问题

【问题解析】对运行中的变压器进行调挡时，应先核对是否已对调压开关与操动机构进行挡位校验，确定调压开关调挡到位之后再进行电动调挡，为防止变压器在调挡时出现调挡不到位，即调压开关选择开关未到位时，切换开关动作，引起调压开关发生故障。

【措施建议】严禁在调压开关与操动机构未经校验或未充分核实调压开关调挡到位之前，对运行变压器进行电动调挡。

2.3　调压开关检修典型问题及解析

典型问题一 ▶ 调压开关机械指示位置与实际位置不符问题

【问题解析】调压开关与电动机构连接后必须进行连接校验，检查手动、电动调挡方向与指示方向是否一致，正向和反向操作一挡的手柄转动圈数之差是否小于 1。

【典型案例】2015 年 3 月，某 110kV 变压器进行停电例行试验时，发现高压侧 B 相绕组在个别相邻挡位切换前后直流电阻测试数据基本无变化，同时部分挡位相间直流电阻互差超标。检查发现直流电阻超标原因为有载调压开关与电动机构的连接位置不当。

对有载调压开关与电动机构的连接进行校验，发现将电动机构从 N 挡切换至 $N+1$ 挡与 $N+1$ 挡切换至 N 挡时手柄摇动的圈数不一致，且差值为 5，导致有载调压开关部分挡位切换不到位，变压器高压绕组直流电阻异常。更换有载调压开关电动机构，并再次进行有载调压开关与电动机构的连接校验，校验合格后，该变压器高压绕组直流电阻试验数据恢复正常。

【措施建议】调压开关检修时，应重点检查调压开关的机械指示位置与实际连接位置是否一致，投运前应对调压开关与电动机构进行连接校验。

典型问题二 ▷ 切换开关与选择开关装配问题

【**典型案例**】2015 年 4 月，试验人员对某 110kV 变压器进行交接试验。在进行绕组直流电阻测试时发现高压绕组 2 挡与 3 挡、9 挡与 10 挡直流电阻数据一致。随后进行高压绕组对低压绕组变比试验，发现 17 挡无测试数据，怀疑该变压器高压侧有载调压开关挡位错位。吊罩检查发现直流电阻超标的原因为有载调压开关的选择开关与切换开关的中心连接轴错位 90°。

按图 2-7、图 2-8 的中心轴连接点设计，图 2-7 的②、③、④与①的大小不一样，图 2-8 的④与①不匹配。分析认为在切换开关安装位置不对的情况下存在使用固定螺栓强行将切换开关固定的情况。将选择开关与切换开关的中心连接轴调至同一位置后，再次进行变比及绕组直流电阻试验，试验数据恢复正常。

图 2-7 切换开关中心轴

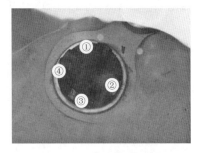

图 2-8 选择开关中心轴

【**措施建议**】切换开关与选择开关装配过程中，应确保位置正确后，方能进行紧固，严禁装配过程中用切换开关的固定螺栓强行将切换开关固定。

典型问题三 ▷ 有载调压开关传动轴锈蚀

【**典型案例**】2018 年 10 月 5 日，调度端及监控后台对某 220kV 变压器有载调压开关进行调挡，均无法远控调挡。经停电检查发现，有载调压开关传动机构的水平连杆和垂直连杆连接处的齿轮盒内积水严重，导致传动轴锈蚀严重

（如图 2-9 所示），无法调挡。

图 2-9 传动轴锈蚀严重

【措施建议】结合停电检修对有载调压开关传动轴的齿轮盒密封情况进行检查，如密封不良应及时进行处理，防止内部进水。

典型问题四 ▶ 有载调压开关运行维护管理问题

【问题解析】变压器有载调压开关存在长期不用或只在很少几个分接位置上运行的情况，长期不使用的调压开关挡位的触点会由于化学反应生成氧化膜，使接触状态变差，造成变压器在个别挡位上直阻异常。

【措施建议】加强有载调压开关的运行维护管理。当开关动作次数或运行时间达到制造厂规定值时，应进行检修，并对开关的动作特性进行测试。有载调压开关检修后，应测量全程的直流电阻和变比，合格后方可投运。

典型问题五 ▶ 调压开关触头连接不可靠，造成直阻不合格

【典型案例 1】2012 年 1 月，某 110kV 变压器进行停电例行试验时，发现35kV 侧绕组额定分接直流电阻相间差值超标，其余试验项目合格。后经吊罩检查发现该变压器 35kV 侧 B 相绕组 4、5 分接抽头与相应 A4、A5 静触头座连接处螺栓松动。将松动的螺栓紧固后，试验数据恢复正常。楔形无励磁调压开

关结构原理图及电气接线示意图分别如图 2-10 和图 2-11 所示，楔形无励磁调压开关内部绕组抽头连接情况如图 2-12 所示。

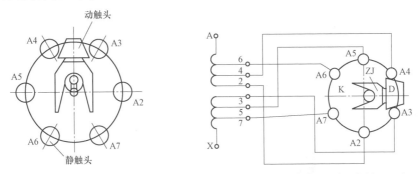

图 2-10 楔形无励磁调压开关结构原理图　　图 2-11 楔形无励磁调压开关电气接线示意图

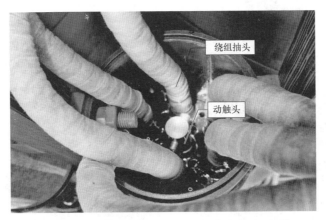

图 2-12 楔形无励磁调压开关内部绕组抽头连接情况

【典型案例 2】2014 年 5 月 14 日，某 110kV 变压器例行试验，进行绕组直流电阻试验时发现 35kV 侧绕组 A 相直阻偏大，达 2.67%，在多次切换无励磁调压开关分接位置后，直阻偏差反而增大至 7.43%，随后对所有 5 个分头都进行了测试，均为 A 相直流电阻偏大。所使用的无载调压开关实物图及电气连接示意图分别如图 2-13 和图 2-14 所示。

根据测试结果发现 A 相 T 连接点直流电阻明显偏大，检查该连接点，发现该点固定螺栓明显松动，可用手转动。该变压器缺陷产生原因应为调压开关装配过程中，装配人员对该部位连接螺栓未紧固到位，在日常运行中由于调压开关不断振动，导致该紧固螺栓逐渐松动，导致直流电阻数值超标。故障点位置如图2-15所示，故障点连接板过热变色如图2-16所示。

图2-13 无励磁无载调压开关实物图

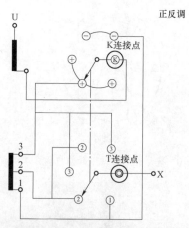

图2-14 无励磁调压开关电气连接示意图

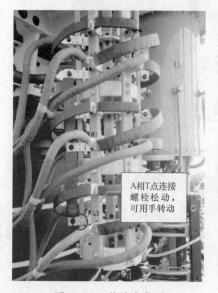

图2-15 故障点位置

图2-16 故障点连接板过热变色

【措施建议】调压开关动静触头连接部位的固定措施应可靠，保证绕组连接部位在承受电动力的过程中不会发生松动甚至脱落。检修过程中应对调压开关的动、静触头进行全面的检查紧固。

典型问题六 ▶ 有载调压开关油位升高问题

【典型案例】2012 年上半年，某 110kV 变电站 1 号主变压器有载调压开关油位超高报警信号频发，现场检查有载调压开关油位偏高，对有载调压开关进行放油后油位恢复正常，但不久故障再次出现。经吊芯检查，发现有载调压开关油室底部螺栓密封圈凹凸不平存在渗漏点（如图 2-17 和图 2-18 所示），导致本体油渗漏至有载调压开关油室内，使得有载调压开关油位升高，渗漏点处理后故障消除。

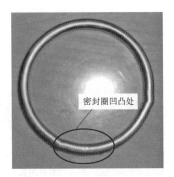

图 2-17　渗漏点　　　　图 2-18　出现渗漏的密封圈

【措施建议】有载调压开关大修时应更换密封垫和油室内的变压器油，严禁重复使用，更换后应进行密封性检查和试验，防止变压器本体的油渗漏至调压开关油室，引发调压开关油位异常或色谱异常。

典型问题七 ▶ 有载调压开关抽真空问题

【问题解析】有载调压开关油室的绝缘筒一般承受不住全真空状态，只有将其与主油箱连同，一起抽真空才能确保该绝缘筒的安全，还能去除绝缘筒中的水分和空气。

【措施建议】对采用有载调压开关的变压器油箱应按要求将本体油箱与调压开关油室同时抽真空，但应注意抽真空前应用连通管连接本体与有载调压开关油室。

典型问题八 ▶ 有载调压开关油化试验问题

【**典型案例**】2013 年 8 月 11 日，某 35kV 变压器差动、有载调压开关压力释放阀动作，高、低压侧断路器跳闸。吊芯检查，发现有载调压开关 7 挡触头和绝缘杆上有明显放电痕迹（如图 2-19 和图 2-20 所示），调压开关油箱内部发现烧伤痕迹（如图 2-21 所示）。事件原因为调压开关油室内的绝缘油质不合格，导致调压开关相间击穿。

 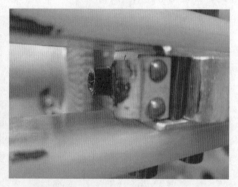

图 2-19　调压开关绝缘杆上的放电痕迹　　　　图 2-20　调压开关触头放电痕迹

图 2-21　调压开关油箱内部烧伤痕迹

【**措施建议**】有载开调压关运行中的绝缘油，每 6 个月至 1 年或变换 2000 次至 4000 次至少采样一次进行微水和击穿电压试验。

典型问题九 ▶ 调压开关导致变压器绝缘油色谱异常问题

【典型案例】2011 年 5 月 12 日，某 220kV 变压器运行中发现变压器油中出现乙炔成分，后经检查发现调压开关油室密封不良，内部已劣化的绝缘油渗漏到本体油箱中。

【措施建议】当怀疑调压开关油室因密封缺陷而渗漏，致使油室油位异常或变压器本体绝缘油色谱异常时，可停止有载调压开关的调挡操作，调整调压开关油位略低于本体油位，并对本体绝缘油进行跟踪分析。

典型问题十 ▶ 有载调压开关操作箱电动降挡按钮因密封不良，受潮严重，造成误动

【典型案例】2015 年 5 月，某 220kV 变压器有载调压开关突然开始自动调挡，从运行挡位 9 挡连续降挡至最低挡 1 挡。经现场检查发现，该主变压器调压开关机构箱外部电动降挡按钮因密封不良受潮严重，按钮处的动合触点导通，进而导致调压开关连续自动降挡直至电气及机械限位。

【措施建议】加强有载调压开关操动机构箱外部按钮防潮检查和治理，发现按钮有老化裂纹，存在受潮可能性的情况下应立即进行更换处理，防止按钮触点受潮短接使调压开关在运行中误动。

典型问题十一 ▶ 有载调压开关操作箱内的元器件更换

【问题解析】在运行中的有载调压开关的操作箱内工作，应退出操作电源，防止调压开关误调挡。工作完毕后，应在全面检查、确认无误后方可重新投入。一旦发生调压开关误调挡，现场检修人员应立即按"急停"按钮终止调挡，并立刻汇报调度和上级。

【措施建议】严禁未退出有载调压开关操作电源，就进行有载调压开关操作箱内的元器件更换等工作。

3 变压器套管

3.1 套管设计、材质典型问题及解析

典型问题一 ▶ **套管油位过高或内部负压**

【问题解析】当套管油位过高，在高温时套管内部将会产生很大的压力，对套管密封系统是一个大的考验，可能导致套管喷油。此外，套管在制造过程中如果常温下破真空，再次密闭后就会造成低温负压现象。而变压器轻载或停运时，套管内绝缘油遇冷收缩，也可能在套管内产生负压。一旦密封失效，在负压下外部气体和水分会进入套管导致内部受潮，因此应在套管设计和制造的源头上杜绝负压现象。

因此，套管出厂时除进行压力密封试验外，还应进行真空密封试验，合格后在内气腔注入一定量的干燥氮气或空气，使气腔内在20℃下的表压显示1bar（1bar＝10^5Pa），使处于微正压状态。套管油室结构示意图如图3－1所示。

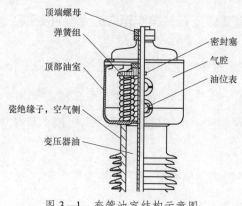

图 3－1　套管油室结构示意图

【**典型案例 1**】2012 年 7 月 5 日，某 220kV 变压器因气温和负荷过高，高压侧 C 相套管油位过高出现喷油现象（喷油部位为套管上瓷套顶部与套管油室结合面处，密封件冲出约为周长的 1/6，材质为牛皮纸密封件）。

【**典型案例 2**】2015 年 8 月 17 日，某 220kV 变压器在巡视时，发现 A 相高压套管油位明显低于 B、C 两相，且套管顶部密封圈已移位（如图 3-2 和图 3-3 所示），套管下面出现大片油迹，经分析为套管油位过高喷油所导致。

图 3-2 220kV 变压器 A 相高压套管油位　　图 3-3 220kV 变压器 A 相高压套管顶部密封圈移位

【**措施建议**】套管选型时应特别注意出厂套管油位和负压密封问题，套管出厂时除进行压力密封试验外，还应进行真空密封试验；在最低环境温度下套管内气腔不应出现负压，应保持微正压。

典型问题二 ▶ 套管末屏接地不良问题

【**典型案例 1**】2012 年 4 月 22 日，某 500kV 变压器 A 相和 B 相高压套管因为存在"接地弹簧疲劳引起末屏虚接地"家族性缺陷，停电例行试验时发现末屏存在渗漏油情况，套管油中含有乙炔成分。弹簧压接式末屏结构如图 3-4 所示，弹簧未有效弹回接地如图 3-5 所示。

【**典型案例 2**】2013 年 11 月 5 日，某电厂 220kV 变压器高压套管因装有的在线监测装置在运行过程中接触不良（该末屏接地装置共经过三个连接点），致使末屏产生悬浮电位并对地放电，导致末屏烧损漏油（如图3-6和图3-7所示）。

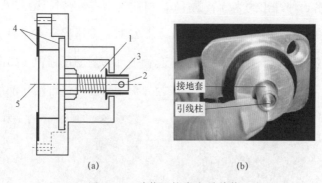

(a)   (b)

图 3-4 弹簧压接式末屏结构

（a）结构图；（b）实物图

1—复位弹簧；2—末屏接线柱；3—接地环；4—密封件；5—末屏引线

图 3-5 弹簧未有效弹回接地

图 3-6 末屏共经过三个连接点才接地

图 3-7　末屏内部严重烧损

【措施建议】套管选型时不得选用弹簧压接式的、定性为家族性缺陷的接地末屏装置，不应加装末屏带电检测或在线监测装置。

典型问题三 ▶ 套管伞裙结构或材质问题

【问题解析】很多大型变压器的高、中压套管都不是竖直安装的，而是有一定倾斜角度的，如变压器采用有机黏结接缝形式，容易因为常年的重力作用而使黏结处断裂。密集型伞裙的瓷套管在降雨或降雪时伞裙之间容易出现水帘或桥接而使得绝缘子爬电比距大幅度减小，严重者甚至出现闪络等故障，大小伞结构的瓷质套管可有效减少以上情况的发生。

【措施建议】变压器套管应选用大小伞结构的瓷质套管。220kV 及以下变压器套管不得选用有机黏结接缝的瓷套管和密集型伞裙的瓷套管。

典型问题四 ▶ 套管法兰与升高座未设置短接线

【问题解析】将套管法兰与升高座之间用短接线进行短接，可使法兰与升高座处于同一电位点，减少悬浮电位。

【措施建议】变压器监造时，要求高、中压侧及中性点套管法兰与升高座之间应设置短接线。

典型问题五 ▶ 套管法兰升高座无放气塞

【问题解析】在套管法兰安装最高点处设置放气塞，主要是为了方便在安装或大修后及时排尽升高座内可能存有的气体。

【措施建议】套管法兰安装最高点处应有放气塞。

典型问题六 ▶ 套管桩头（抱箍线夹）材质不合格

【典型案例】2012 年 10 月 17 日，某 110kV 变压器例行试验中发现 10kV A、C 相套管桩头抱箍线夹开裂，经检测分析，开裂的线夹由含铅量较高的黄铜铸造成型。开裂线夹形貌如图 3-8 所示，线夹镜相显微组织如图 3-9 所示。

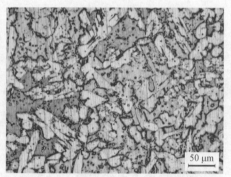

图 3-8　开裂线夹形貌　　　　图 3-9　线夹镜相显微组织

【措施建议】110kV 及以上变压器套管桩头（抱箍线夹）应采用 T2 纯铜材质热挤压成型。禁止采用黄铜材质或铸造成型的抱箍线夹。

3.2　套管试验典型问题及解析

典型问题 ▶ 绕组相间电阻差异过大

【典型案例】2014 年 4 月，某 110kV 变压器进行停电例行试验时，发现三角形接线的低压绕组直流电阻线间差超标（如图3-10所示），其他试验数据均合格。低压绕组直流电阻测试数据横向对比严重超标，与出厂值纵向比较，ab、bc绕组直流电阻测试数据超标。

现场检查时，发现B相低压绕组引出线与套管导电杆连接处有一颗螺栓松动（如图3-11所示），将该螺栓紧固后，试验数据恢复正常。

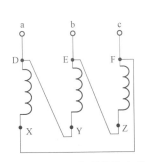

图 3-10　三角形接线方式　　　　图 3-11　低压套管导电杆与绕组连接处图片

【措施建议】1.6MVA以上变压器，各相绕组电阻相间的差别不应大于三相平均值的2%（警示值），无中性点引出的绕组，线间差别不应大于三相平均值的1%（注意值）。变压器绕组三相直流电阻不平衡时，应查明原因后再投运。

3.3　套管末屏典型问题及解析

典型问题 ▶ 在套管末屏接地检测、检修及运行维护管理中，未对末屏接地状况进行检查，在变压器投运时和运行中未开展套管末屏接地状况带电测量

【问题解析】变压器套管末瓶引出接地是为了满足试验需要，但如果末瓶出现接地不良，将会产生悬浮电位，严重时会对套管安装法兰放电，甚至导致

套管损毁。因此必须确保套管末瓶接地良好。

【**典型案例**】某套管制造厂生产的 BRDLW 型套管末屏采用弹簧压紧式接地方式，运行中弹簧失效或试验接线中损伤末屏接线柱产生毛刺与杂质，都可能造成末屏运行中开路。

【**措施建议**】变压器检修中如果有进行套管末屏的检查或试验，应在自验收时再次检查所有末屏罩的紧固情况。运行中的变压器，应结合红外测温对套管末屏是否存在接触不良发热进行检测。

对于 220kV 及以下有缺陷的套管，当末屏接地装置损坏，而主绝缘无损坏时，可以在现场整体更换末屏接地装置；如果主绝缘损坏则整体更换套管；如果接地装置和主绝缘都无损坏，可将原盖帽更换为改进型接地盖帽（末屏辅助接地罩），另增加旁路接地。辅助接地盖帽实物图及结构图如图 3-12 和图 3-13 所示。

图 3-12　辅助接地盖帽实物图

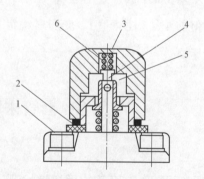

图 3-13　辅助接地盖帽结构图
1—原末屏座；2—密封垫；3—辅助接地帽盖；
4—销轴；5—原抽头引线柱；6—弹簧

3.4 套管检修典型问题及解析

典型问题一 ▶ 穿缆式套管检修后引线等电位固定销安装工艺不到位

【**典型案例**】2011 年 4 月 20 日，在对某 220kV 变压器进行停电例行试验时，发现变压器中压侧 B 相套管介质损耗因素超标。经解体检查发现套管顶部引线等电位固定销存在悬空现象，与帽盖接触不良，导致该套管介质损耗增大。等电位销插入部位如图 3-14 所示。

图 3-14 等电位销插入部位

【**措施建议**】穿缆式套管检修后应检查引线等电位固定销安装工艺是否到位，防止因接触不良导致套管介损异常。

典型问题二 ▶ 均压球（环）安装不到位、螺栓松动

【**典型案例**】某水电厂 3 台变压器从 2004 年投运至今，已于 2005 年和 2010 年发生两起变压器高压套管均压球脱落现象，造成变压器运行中本体绝缘油乙炔含量超标。造成套管均压球脱落原因为紧固方式设计不合理，运行振动会导致仅有的单个压紧螺栓松动，均压球脱落。单螺栓加厚垫压紧方式如图 3-15

所示,双六方头螺杆加锁定连片紧固方式如图 3-16 所示。

图 3-15　单螺栓加厚垫压紧方式

图 3-16　双六方头螺杆加锁定
连片紧固方式

【措施建议】套管出厂和投运前需检查均压球(环)安装是否到位,紧固是否可靠。

典型问题三 ▶ 套管油位异常

【问题解析】油浸纸绝缘电容型套管的内部绝缘油起到绝缘、隔绝空气和水分的作用,对于确保套管绝缘和电气性能起到了至关重要的作用,因此必须保证套管油位正常。

【典型案例】2013 年 12 月 12 日,某供电公司 220kV 变电站专业巡检过程中,通过精确红外测温发现 220kV 变压器中压侧 A、C 相套管油位偏低。红外热像图中 A、C 相套管油位与本体储油柜油位呈一条直线,且呈水平状。220kV 变压器中压侧套管红外热像图如图 3-17 和图 3-18 所示。经停电检查发现浸入本体油箱中的套管下部密封件发生老化或机械损伤,造成与本体油箱发生连通,导致 A、C 相套管内渗缺油。

【措施建议】加强套管油位日常巡视,发现异常应立即进行分析和相应处理,并加强精确红外测温。

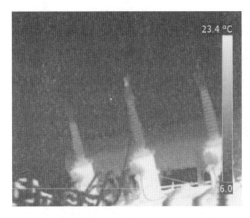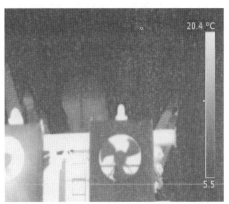

图 3-17 220kV 变压器中压侧套管
红外热像图（正视图）

图 3-18 220kV 变压器中压侧套管
红外热像图（侧视图）

典型问题四 ▶ 220kV 及以上电压等级变压器拆装套管、本体排油暴露绕组 或进人内检未进行现场局部放电试验

【问题解析】拆装套管可能导致异物掉入油箱内部或导致引线与套管底部连接处绝缘破损，本体排油暴露绕组则可能导致内部器身受潮或积存空气，而进人内检则可能遗留物品在油箱内部或因操作不当损伤器身，因此上述工作完成后必须进行现场局部放电试验并合格，以保证变压器中无损伤、遗留杂质或物品。

【措施建议】220kV 及以上电压等级变压器拆装套管、本体排油暴露绕组或进人内检后，应进行现场局部放电试验。

典型问题五 ▶ 停电检修时没有核实套管的爬电比距

【问题解析】爬电比距是套管外绝缘能力的一个重要参数，也是套管铭牌数据台账管理的重要一环。

【措施建议】变压器（电抗器）停电检修时，应拍照并记录套管铭牌，铭牌没有标明爬电比距的，需实际测量套管的爬电比距并记录测量数据。

典型问题六 ▶ 变压器套管防污闪涂料存在起皮、龟裂、憎水性丧失等现象；套管加装的硅橡胶伞裙存在老化、严重变形、黏合部位开裂脱落等现象

【典型案例】2015 年 12 月 1 日，某 500kV 变压器停电检修发现部分套管硅橡胶伞裙已严重老化变形，达不到防污要求。

【措施建议】对运行超过 3 年的变压器套管防污闪涂料，每次检修时要检查有无起皮、龟裂、憎水性丧失等现象，如发现上述现象应及时安排复涂。对加装硅橡胶伞裙的套管，检修时应检查硅橡胶伞裙有无老化、严重变形、黏合部位开裂脱落等现象，如发现上述现象应及时安排更换。

典型问题七 ▶ 变压器低压侧套管下部热缩套的底部无滴水孔，导致热缩套积水，导致连接排螺栓锈蚀腐化

【典型案例】2015 年 11 月，220kV 变压器例行试验检修中发现，低压套管下部热缩套内积水，导致连接排螺栓锈蚀腐化。

【措施建议】变压器低压侧套管下部热缩套的底部应有排水孔，防止热缩套积水导致连接排螺栓锈蚀腐化。

典型问题八 ▶ 套管法兰与升高座，升高座与变压器箱体，升高座气联管无编号及对接钢印

【问题解析】变压器在预装后，套管、升高座、气联管等均需分装运输，到变压器安装现场后，再重新复装。为方便现场安装工作，防止安装中出错，应在出厂预装后及时在上述部件连接法兰上做好对接钢印。

【措施建议】套管法兰与升高座，升高座与变压器箱体，升高座气联管要做好编号及对接钢印。

典型问题九 ▶ 套管内漏（套管内部与变压器本体之间连通），引起套管油
位不可见、套管喷油等故障

【典型案例】2012 年 1 月 15 日，某 220kV 变压器储油柜内变压器油已经
下降至气体继电器处，轻瓦斯告警。对变压器本体进行带电补油时，通过红外
测温发现高压侧 C 相套管油位偏低，但仍高于储油柜油位（如图 3-19 和图 3-20
所示），现场未发现套管外部有渗油迹象。经分析认为，高压侧 C 相套管尾部
密封不良，因套管油位高于变压器本体油位，在压差作用下套管内部绝缘油缓
慢渗入变压器本体油箱内，导致套管油位偏低。

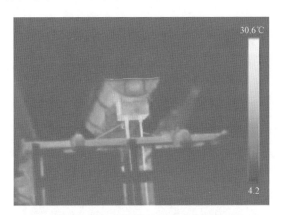

图 3-19　本体补油后储油柜油位

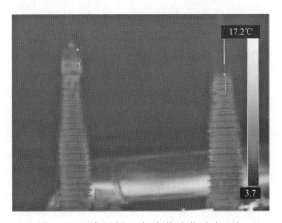

图 3-20　高压侧 C 相套管油位（右一）

【**措施建议**】在日常巡视中，应加强变压器套管油位检查，判断油位变化趋势。对于因套管内漏（套管内部与变压器本体之间连通）引起的套管油位不可见、套管喷油等故障应立即进行检修。

4 变压器冷却系统

4.1 冷却系统设计、选型典型问题及分析

典型问题一 ▶ 自然冷却方式的变压器其散热器进油口的位置设计不符合要求，造成顶层油无法对流循环出现油温异常现象

【**典型案例**】2013 年 8 月 8 日，某 110kV 变压器在仅有 2700kVA 负荷的情况下，顶层油温达到了 78℃。其原因为变压器油箱顶部油温较高的变压器油由于密度最低，一直浮在油箱顶部，而散热器进油口的位置设计不当，并没有设置在油箱的顶部，上层高温油无法流入散热器形成自然对流循环，导致上层油温异常。变压器散热器位置如图 4-1 所示。

图 4-1　变压器散热器安装位置

【措施建议】自然冷却方式的变压器其散热器进油口的位置应设置在油箱顶部，不应过低，防止顶层油无法对流循环出现油温异常现象。

典型问题二 ▶ 180MVA 及以下容量降压变压器没有选用自然冷却方式（ONAN）；500kV 变压器及 240MVA 及以上容量降压变压器没有采用自然冷却方式

【问题解析】强迫油循环变压器的油泵故障率较高，且有导致变压器事故的风险，建议对电压等级和容量较高的变压器不采用强油迫循环冷却方式。

【措施建议】180MVA 及以下容量降压变压器应选用自然冷却方式（ONAN）；500kV 变压器及 240MVA 及以上容量降压变压器优先采用自然冷却方式，如受其他因素影响必须采用自然油循环风冷方式（ONAF）时，变压器自冷却容量要求不小于 70%。

典型问题三 ▶ 变压器冷却系统没有配置两个相互独立的电源，或冷却系统的工作电源无三相电压监测

【问题解析】变压器冷却系统可以有效降低变压器油温，保障设备运行安全。为提高系统的可靠性，必须配合两路相互独立的电源，且电压监测继电器必须对三相电压进行监测，如果仅监测一相或两相电压，当其中一相失电可能导致电压监测继电器无法正确动作，而不能切换至备用电源。

【典型案例】2015 年 5 月 8 日，某 500kV 油浸风冷 B 相变压器冷却系统全停，经检查发现，B 相变压器的冷却器第一路电源的 C 相线路接触不良导致失电，但冷却器两路电源电压监测继电器只能监测 A、B 两相电压，电压监测继电器未动作，无法自动切换至第二路电源，导致 B 相变压器冷却系统全停。

【措施建议】变压器冷却系统必须配置两个相互独立的电源，并采用自动切换装置。冷却系统的工作电源应有三相电压监测，任一相故障失电时，应保

证自动切换至备用电源供电。

典型问题四 ▶ 强迫油循环变压器的循环油路中采用了无限位措施的蝶阀

【典型案例】2015 年 6 月，运维人员对某 220kV 变压器进行例行巡视时，发现变压器两台冷却器油流继电器存在抖动现象。经现场检查和分析，主要原因是冷却器管道蝶阀的密封罩无限位措施（如图 4-2 所示），在油流冲击下，蝶阀挡板位置逐渐变动处于半开半闭状态（如图 4-3 所示），油流不畅导致油流继电器抖动。

【措施建议】强迫油循环变压器的循环油路中不应采用无限位措施的蝶阀，对于无固定限位装置的蝶阀应加装固定措施或更换。

图 4-2　无限位装置的阀门密封罩　　　　图 4-3　半开半闭状态的阀门

典型问题五 ▶ 监控后台的冷却器全停信号未采用一、二路电源主接触器动断触点的串联或从保护转接一个全停瞬时动作信号

【典型案例】2013 年 6 月 1 日，某 220kV 变压器冷却器全停延时保护动作，三侧断路器跳闸。故障原因是冷却控制器第一路交流电源故障起火，烧坏了部分控制电源回路（如图 4-4 和图 4-5 所示），导致第二路交流电源无法投入运行，全停时间超过 60min 后，冷却器全停保护动作，跳开变压器三侧断路器，保护正确动作。而冷却器全停信号取自两路电源的电压监测继电器的触点。因设计不合理，电压监测继电器连接到两路电源空开进线侧，无法监视到一、二路电源主接触器跳闸的失电情况。

图 4-4 第一路接触器故障图片

图 4-5 烧损部位

【措施建议】监控后台的冷却器全停信号应采用一、二段电源主接触器动断触点的串联或从保护转接一个全停瞬时动作信号。

4.2 油泵、油流继电器典型问题及分析

典型问题一 ▶ 强油导向的变压器油泵转速大于 1500r/min

【问题解析】转速较高的油泵因高速旋转会产生金属颗粒，有可能造成铁芯夹件多点接地，强油导向的变压器更有可能将金属颗粒直接导入线圈，引发内部故障。

【措施建议】强油导向的变压器必须选用转速不大于 1500r/min 的低速油泵。

典型问题二 ▶ 变压器冷却器油泵负压区出现渗漏油现象

【问题解析】当选用油泵扬程压力大于进油区的油静压时，该部位就存在负压现象，一旦该区域发生密封渗漏，外部的空气或水分进入变压器内，将危害变压器的绝缘，有时伴随气体继电器轻瓦斯报警。

【措施建议】加强变压器运行巡视，应特别注意变压器冷却器油泵负压区出现的渗漏油。

典型问题三 ▶ 没有按要求启动油泵，造成气体继电器误动

【问题解析】强迫油循环结构，尤其是可收缩变形片式散热器的强迫油循环结构的油泵启动应逐台启用，自动控制的延时间隔应在 30s 以上，避免多台潜油泵同时投运，油流速度突变，造成重瓦斯保护动作。

【典型案例】2006 年 6 月 16 日，某 220kV 变压器同时启动两组油泵导致本体气体继电器重瓦斯保护动作。

【措施建议】强迫油循环结构的油泵启动应逐台启用,延时间隔应在 30s 以上,以防止气体继电器误动。在设计选型阶段,应要求制造厂家对油泵连续启动设置延时控制。

典型问题四 ▶ 冷却器油泵运行中出现过热、振动、杂音及严重漏油等异常现象

【问题解析】由于油泵直接与本体绝缘油接触,油泵运行不正常可能导致过热或放电引起绝缘油劣化,或者物理损伤导致金属杂质混入绝缘油中引起绝缘下降或短路故障。

【措施建议】冷却器油泵运行中如出现过热、振动、杂音及严重漏油等异常时,应安排停运检修。

典型问题五 ▶ 油流继电器指示抖动

【问题解析】油流继电器的动合、动断触点是冷控回路中的重要触点,当油流继电器抖动时,冷控系统容易对该运行冷却器误判,故发现此类情况,应立即切换运行冷却器并尽快检查处理。

【措施建议】巡视中发现油流继电器指示抖动,应立即切换冷却器并进行分析处理。

4.3　控制柜典型问题及分析

典型问题 ▶ 强迫油循环变压器冷控箱内回路元器件更换时,未退出冷却器全停跳闸保护连接片

【问题解析】在运行的强迫油循环变压器的冷控箱内更换元器件时可能出现误碰、误拆其他回路,甚至引起线路短路,造成冷却器全停,如未及时消除

故障，将导致冷却器全停跳闸动作。为了避免引起强迫油循环变压器的冷却器全停事故，冷控箱内元器件更换需退出冷却器全停跳闸保护连接片。

【典型案例】2009 年 11 月 17 日，某 220kV 变压器冷控箱内某接触器故障导致冷却器停运。检修时错误地断开冷控箱内动力电源快分开关，导致 1h 后冷却器全停跳闸出口，该变压器三侧断路器断开。

【措施建议】进行变压器冷控箱内控制回路元器件更换工作时，需退出冷却器全停跳闸保护连接片（如有），照明灯、加热器等非回路中元器件除外。

4.4 冷却系统运维、检修典型问题及分析

典型问题一 ▶ 冷却器带电冲洗没有做好防范措施，喷出的水触及带电部位，造成变压器短路事件

【典型案例】2013 年 7 月 17 日，某变压器在带电冲洗时，溅出的水导致低压侧相间短路，A、B 套差动保护和重瓦斯保护动作，三侧断路器跳闸。

【措施建议】冷却器带电冲洗时要做好防范措施，控制好水冲洗压力和冲洗区域（尤其是低压侧），预想好影响范围，保证喷出的水不会触及带电部位，防止发生变压器短路事件。

典型问题二 ▶ 散热片没有统一编号

【问题解析】散热片应设置不易脱落的编号标示，以方便日常运行维护，如出厂前已喷涂编号，装车时应按编号顺序进行装车。

【典型案例】2015 年 10 月，某 220kV 变压器散热片在出厂前已经按验收人员要求进行了编号喷涂，但由于散热片不是按编号顺序进行装车，且施工现场场地较小，无法按原编号顺序进行逐片安装。经与厂家协商，原编号全部作

废，在完成散热片现场安装后重新对散热片进行了编号喷涂工作。

【措施建议】散热片应有统一编号。

典型问题三 ▶ 散热器安装前没有进行密封试验，散热片内有杂质

【问题解析】检查散热器应密封良好，无锈蚀、变形，到达现场后应根据相关规程要求进行密封试验。安装前应检查片式散热器内部是否清洁，或由厂家提供免密封试验、免冲洗的承诺书。对强迫油循环变压器的管束式散热器还应检查油泵、风机、油流继电器状况，并用 1000V 绝缘电阻表对其二次接点进行摇测，各绝缘电阻应大于 $1M\Omega$。

【典型案例】2013 年 6 月，某 220kV 变压器片式散热器由某厂家首次自主研发，现场安装时发现多个散热器法兰焊接处存在砂眼，导致散热器渗油严重。此外，焊接部位存在焊渣金属颗粒（如图 4-6 所示），存在严重的安全隐患。经现场协商后该批散热器全部退回，改用其他厂家生产的同类型散热器，导致现场工期延误 25 天。

图 4-6 裂缝内存在焊渣等细小颗粒

【措施建议】散热器安装前应进行密封试验，通过打压试漏，并使用合格的绝缘油冲洗散热片内部，或要求厂家提供散热器免密封试验、免冲洗承诺书。

典型问题四 ▶ 冷却器风机吸入塑料、纸张等杂物

【问题解析】市区内变电站的变压器冷却器风机容易在运转中吸入塑料、纸张等杂物，而风机转动部分卷入塑料袋等杂物将影响风机的正常运转，降低其寿命甚至直接故障损坏。

【典型案例】2015 年 10 月，某 220kV 变压器风机更换工作中，发现风机中大量卷入了塑料袋等杂物，导致风机转动存在异响。

【措施建议】冷却系统检修时，应检查冷却系统的风机有无吸入塑料、纸张等杂物，尤其要注意检查风机转动部分有无卷入塑料袋等，发现异物要立即清理。

典型问题五 ▶ 变压器标示牌贴于散热片上（可贴于本体上），散热片粘贴标示牌部位锈蚀

【典型案例】某 220kV 变压器投运于 2010 年 10 月，2012 年 6 月发现了第 20 组散热片从贴标示牌的缝隙中渗油，现场检查发现标示牌的粘贴部位锈蚀严重（如图 4-7 和图 4-8 所示）。渗油原因是标示牌粘贴缝隙处常年积水，导致散热片锈穿。

图 4-7 变压器标示牌　　　　图 4-8 标识粘贴处锈蚀严重

【措施建议】严禁将变压器标示牌贴于散热片上（可贴于本体上），如发现散热片粘贴标示牌部位锈蚀，应尽快进行除锈、防腐处理，防止标示牌粘贴处积水导致散热器锈穿渗漏油。

典型问题六 ▶ 变压器进行以下工作时没有将重瓦斯保护跳闸改投报警：① 滤油、注油，吸湿器硅胶更换，冷却器、油泵油路检修、吸湿器气路检修及气体继电器探针检测、集气盒取气等工作；② 冷却器油回路、通向储油柜的阀门由关闭位置旋转至开启位置；③ 油位计油面异常升高或呼吸系统有异常需要打开放油或放气阀门

【问题解析】为防止异常的油流涌动、负压进气和误动气体继电器跳闸试验探针，造成变压器重瓦斯误跳闸，在进行上述工作时，需将重瓦斯的出口跳闸改投报警。工作完毕后，应在试运行正常、后台监控无异常信号后，方可重新投入重瓦斯跳闸连接片。

【措施建议】在运行的变压器上进行以下工作时，严禁未将重瓦斯保护跳闸改投报警：

（1）滤油、注油，吸湿器硅胶更换，冷却器、油泵油路检修、吸湿器气路检修及气体继电器探针检测、集气盒取气等工作；

（2）冷却器油回路、通向储油柜的阀门由关闭位置旋转至开启位置；

（3）油位计油面异常升高或呼吸系统有异常需要打开放油或放气阀门。

5 变压器呼吸系统

5.1 储油柜、胶囊典型问题及解析

典型问题一 ▶ **储油柜中胶囊未选用丁腈橡胶材质，未考虑储油柜内胶囊挂点位置、数量和受力要求**

【问题解析】丁腈橡胶主要采用低温乳液聚合法生产，耐油性极好，耐磨性较高，耐热性较好，黏结力强；双浮球结构油位计稳定性能相对单浮球结构更好；储油柜内胶囊挂点位置、数量和受力要求与胶囊运行稳定性能相关。

【典型案例】2018年，某500kV变电站变压器发生胶囊漏油故障，经检查发现胶囊是非丁腈橡胶材质，导致胶囊在运行中腐蚀破裂；某220kV主变压器发生油位指示异常故障，经检查发现胶囊悬挂位置偏低，致使胶囊无法充分展开，在运行中下沉导致油位异常。

【措施建议】储油柜中胶囊宜选用丁腈橡胶材质，油位计宜选用双浮球结构，应考虑储油柜内胶囊挂点位置、数量和受力要求，根据校核结果，对储油柜结构进行优化改进。

典型问题二 ▶ **对于带胶囊整体运输的储油柜，运输过程中未加装三维冲撞记录仪；对于胶囊和储油柜分别运输的情况，未对胶囊进行现场开箱验货**

【问题解析】某新安装变压器附件在运输过程中，带胶囊整体运输的储油

柜未加装三维冲撞记录仪，运至现场后，对胶囊打气试漏时发现胶囊破损。怀疑是在运输过程中遭受了较大的冲击，导致胶囊被储油柜内尖角部位顶破。

【措施建议】对于带胶囊整体运输的储油柜，运输过程中应加装三维冲撞记录仪，限制冲击加速度的幅值小于 0.3g。对于胶囊和储油柜分别运输的情况，应对胶囊进行现场开箱验货，确保胶囊完好，不存在打补丁等情况。

典型问题三 ▶ 胶囊破裂导致油位异常

【典型案例】2020 年 6 月 27 日，油务人员检测发现某投运未满三年的 500kV 变压器 A 相本体油中含气量高达 4.8%，较 2019 年 2 月 26 日检测的含气量 1.5%有大幅度增长。现场检查发现变压器本体油位偏低，但无渗漏油现象。对该组 A、B、C 三相变压器的储油柜进行了红外精确测温发现，该组变压器除 A 相红外测温图谱显示异常，无明显的温度分界线（如图 5−1 所示）。经停电检查，检修人员发现胶囊未充分展开，且内部积存大量变压器油，将其取出后测量发现胶囊存在长达 1.63m 的巨大裂缝（如图 5−2 所示）。

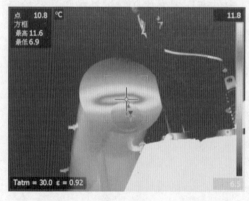

图 5−1 储油柜红外测温图片　　　　图 5−2 储油柜胶囊破裂

【措施建议】应结合停电检修检查储油柜胶囊是否破裂，内部有无绝缘油，并定期开展变压器整体密封试验，检测胶囊状况。

典型问题四 ▶ 胶囊检查时，没有对变压器类大型充油设备本体及调压开关油位逐相开展实际油位测量

【典型案例】2016 年，某换流站年度检修过程中，检修人员对站内全部的换流变压器、油浸式平波电抗器、站用变压器进行了胶囊检查，并用连通法进行了实际油位测量。检查过程中发现极 I 换流变 Y/Y C 相油位指示异常，疑是储油柜与胶囊之间有大量气体。通过呼吸管道向胶囊内部充气时，储油柜顶部放气塞有大量气体排出，气体排尽后，油位显示正常。

【措施建议】胶囊检查时，应用连通法对变压器类大型充油设备油位逐相开展实际油位测量并按照曲线调整油量。

典型问题五 ▶ 变压器本体储油柜与胶囊间无连通阀，本体储油柜与副储油柜间无连通阀

【问题解析】胶囊与主储油柜、主储油柜与副储油柜之间设置连通阀，可实现变压器安装及大修后进行全真空注油，提升安装及检修质量。本体抽真空时，如未安装连通阀，需外接管道连接，将影响处理速度，且外接管道相关装置的接口也存在不适用的风险。

【措施建议】变压器本体储油柜与胶囊间应设置连通阀，如果有副储油柜，本体储油柜与副储油柜间应设置连通阀。

典型问题六 ▶ 调压开关储油柜油位高于变压器本体储油柜的油位，油位不符合油温—油位曲线

【问题解析】为了防止调压开关油室内部密封不良渗油时，调压开关绝缘油进入本体油箱，污染本体绝缘油。因此，调压开关储油柜油位要求低于本体储油柜油位。

【**措施建议**】变压器的调压开关储油柜油位应低于本体储油柜的油位，且符合油温—油位曲线。500kV 三相变压器（高压并联电抗器）、220kV 相邻同型号变压器应油位一致。

典型问题七 ▶ 变压器呼吸不顺畅，胶囊与储油柜之间旁通阀未关闭严实，胶囊内有积油，胶囊不舒展

【**典型案例 1**】2013 年，某 220kV 变电站变压器负荷增大时，例行巡视过程中发现本体呼吸管道喷油，红外检测油位无异常。2016 年，停电检修过程中发现胶囊未完全展开，且胶囊内部有少量余油，储油柜与胶囊之间存在大量气体。经分析认为：该变压器安装时，抽真空注油工艺不当，注油的油位过高，导致油经过旁通阀进入胶囊。破真空时未关闭储油柜与胶囊的旁通阀，导致储油柜大量进气，胶囊未充分舒展。在高温大负荷期间，本体油位上升，胶囊受到挤压，将胶囊内部积油喷至吸湿器内。

【**典型案例 2**】2013 年，某 220kV 变电站变压器本体吸湿器严重漏油（呈线状），检修人员赶赴现场后发现吸湿器已无漏油现象，但地上有一滩明显油迹。检查胶囊，发现胶囊中部偏上处损坏约 10mm 缝隙，胶囊内储存约 100kg 油，胶囊损坏情况如图 5-3 所示。

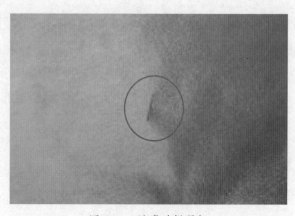

图 5-3 胶囊破损漏气

　　胶囊损坏位置位于胶囊中部偏上，在胶囊内部油位之上，胶囊内储油原因为损坏处油室向胶囊进油或从吸湿器处误注油造成。

　　【措施建议】变压器呼吸系统检查时，应着重核查胶囊是否完好，胶囊与储油柜之间旁通阀是否关闭良好，胶囊内有无积油，胶囊是否充分展开等项目。

典型问题八 ▶ 金属波纹储油柜抽真空和注油时，对储油柜与其连通的本体一起抽

　　【问题解析】内油式、外油式金属波纹储油柜的结构和补油方法均有所不同。

　　（1）内油式金属波纹储油柜。内油式金属波纹储油柜是将变压器油封闭在膨胀节内部，从而与波纹管外的空气隔绝，如图 5-4 所示。

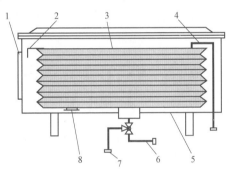

图 5-4　内油式金属波纹储油柜
1—视察窗；2—油位指示；3—金属波纹管；4—排空管；5—储油柜外壳；
6—连接软管；7—注（放）油管及阀门；8—压力保护装置

二次补油方法如下：

　　1）打开波纹管上端排空管，开始补油；

　　2）补油时应使油流缓慢注入变压器至排空管出油时关闭软管，继续注油至合适的油位为止。

　　（2）外油式金属波纹储油柜。外油式金属波纹储油柜采用不锈钢波纹管补偿技术，实现对变压器绝缘油的体积补偿，并保证绝缘油与外界彻底隔离，如

图 5-5 所示。升温体积膨胀时，波纹管被压缩，移向固定端；油位过高时，波纹管压缩到一定程度报警；绝缘油降温体积收缩时，波纹管在大气作用下自行伸长。

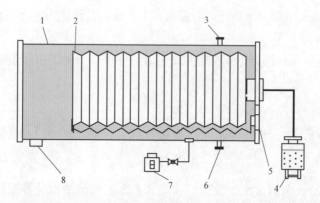

图 5-5　外油式金属波纹储油柜
1—储油腔；2—波纹补偿器；3—排气口；4—吸湿器；5—油位计；
6—注（放）油口；7—气体继电器；8—集污盒

二次补油方法如下：

1）打开储油柜顶部放气塞（图 5-4 中标号 3 位置），从储油柜呼吸管处鼓入空气至油位表显示合适油位，关闭呼吸管阀门，并用闷板密封；

2）补油时应使油流缓慢注入变压器至放气塞出油即可，关闭放气塞，打开呼吸管闷板及阀门，将吸湿器装回。

【措施建议】金属波纹管式储油柜抽真空和注油时，如无特殊说明则储油柜不能连同本体一起抽。应先真空注油至箱体上部后，再进行二次补油至合适油位，补油方法要正确。

典型问题九 ▶ 胶囊进油下沉堵塞导油管

【典型案例】某 500kV 变压器 C 相储油柜胶囊破裂，胶囊因进油下沉重而堵塞储油柜至本体的导油管，当本体绝缘油冷缩时，因管道堵塞致使储油柜无法补充绝缘油至本体油箱，气体继电器内部油位降低导致轻瓦斯动作，同时本体油箱内部产生负压。当油化人员取油样时，大量气体进入油箱内部导致重瓦斯动作、变压器跳闸。

【措施建议】宜在储油柜至本体的管道口处加装或焊接一个反扣的杯状网隔，防止胶囊下沉后，堵塞导油管，引起变压器油路和气路不畅。

典型问题十 ▶ 胶囊未充分展开导致实际油位与曲线不符

【问题解析】连通法测油位是运用"连通器"原理，在储油柜底部放油口处连接一根液位显示软管，打开放油阀门，待软管内油位高度稳定后，所显示油位高度即为储油柜真实油位。连通法测油位如图 5-6 所示。

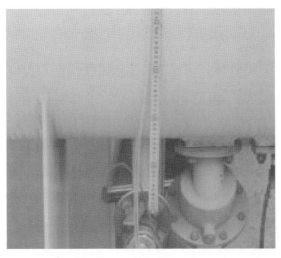

图 5-6　连通法测油位

【典型案例】2016 年，某±500kV 换流站年度检修过程中，发现某相换流变压器油位较其他相明显偏高，通过连通法进行实际油位测量，发现该储油柜油位与其他相换流变压器储油柜油位无明显差异，胶囊鼓起不明显，经分析检查，发现该储油柜与胶囊之间聚集大量残余气体，经排气处理后，该换流变压器油位恢复正常。

【措施建议】对变压器及大型油浸式电抗器进行例行检修期间，宜利用连通法对变压器类大型充油设备本体（调压开关）油位逐相开展实际油位测量并按照曲线调整油量，必要时利用内窥镜或吸油纸（棉签）逐项检查胶囊是否发生漏油，并对胶囊充入氮气或干燥空气进行压力检测。

典型问题十一 ▶ **在无油流析出或出现负压进气时，仍然继续在变压器等充油设备的本体、油色谱在线监测装置、有载调压开关在线滤油装置上取油样**

【问题解析】在变压器等充油设备本体及与本体相连的附属装置上取油样，为防止负压进气造成气体继电器误动，当取样阀无油流析出或发现进气时，应立即关闭取样阀门、停止工作，并汇报上级。

【措施建议】严禁在无油流析出或出现负压进气时，不立即关闭取样阀门，继续在变压器等充油设备的本体、油色谱在线监测装置、有载调压开关在线滤油装置上取油样。

5.2 吸湿器典型问题及解析

典型问题一 ▶ **变压器呼吸管道与吸湿器之间设置阀门**

【问题解析】2013 年，某 220kV 变电站变压器因为巡视人员误将呼吸管道与吸湿器之间阀门关闭，夜间因温度降低，油面下降，储油柜胶囊和本体内部负压，本体油中气体析出，逐步上升至气体继电器，导致轻瓦斯发信。

【措施建议】变压器呼吸管道与吸湿器之间不应设置阀门，以防止阀门误关闭导致呼吸回路不畅或阀门上下法兰密封不良导致空气不经过吸湿器直接进入胶囊。

典型问题二 ▶ 变压器吸湿器选用通气孔小、通气量不够、油封杯油位不可见

【问题解析】图 5-7、图 5-8 所示两类吸湿器下部无隔离滤网,滤孔(如图 5-9 所示)少且小,容易被变色硅胶及其碎片堵塞,造成设备呼吸不畅。图 5-10 所示吸湿器油封杯中油位不可见,不能确保外界空气经变压器油过滤后进入吸湿器。图 5-11 所示吸湿器有铝制护套,穿心螺杆压紧时护套容易压迫密封垫,造成密封不严、密封垫寿命短等情况,不推荐使用此类型吸湿器。推荐使用的吸湿器如图 5-12 所示。

图 5-7 吸湿器 1(滤孔小无隔离滤网)　　图 5-8 吸湿器 2(滤孔少无隔离滤网)

【典型案例】2014 年,某变电站的主变压器吸湿器的小孔堵塞,夜间负荷和环温降低,油面下降,胶囊无法正常舒展,变压器内部处于负压工况,绝缘油中溶解气体在负压作用下逐渐析出,并上升聚集在气体继电器内,导致轻瓦斯动作。

【措施建议】变压器不得选用通气孔小、通气量不够、油封杯油位不可见的吸湿器,防止出现呼吸孔堵塞、变压器呼吸异常、不便日常巡视等问题。

图 5-9 滤孔图片

图 5-10 油封杯中油位不可见

图 5-11 密封垫易压坏

图 5-12 推荐使用的吸湿器

典型问题三 ▶ 站用变压器吸湿器安装位置过高无法带电更换硅胶

【问题解析】根据国网变电精益化管理评价要求：吸湿器管道需引下至合适高度，方便巡视、维护和检修。部分站用变压器使用的吸湿器（如图 5-13 和图 5-14 所示）安装位置过高，无法带电更换硅胶，给巡视和维护带来极大不便。

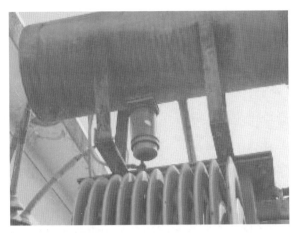

图 5－13 吸湿器安装位置过高

图 5－14 吸湿器下引改造后

【措施建议】站用变压器吸湿器管道须引下至合适高度，便于维护人员更换吸湿器硅胶工作。

典型问题四 ▶ 吸湿器安装前未将底部的纱网与顶部的密封橡皮取出

【典型案例】2011 年，某变电站变压器进行吸湿器更换时，未将新吸湿器顶部的密封橡皮取出，更换后呼吸管路被堵死。送电后油温上升，压力释放阀动作。

【措施建议】吸湿器安装前需将底部的纱网与顶部的密封橡皮取出。

典型问题五 ▶ 变压器呼吸异常情况未及时发现并处理

【**典型案例**】2014 年，某变压器轻瓦斯动作。该变压器本体储油柜吸湿器已有半年未见呼吸迹象。经现场检查，分析原因为变压器吸湿器的小孔被堵塞，进入冬季后，温度降低，油位下降，胶囊无法正常舒展，变压器内部处于负压工况，绝缘油中溶解气体在负压作用下逐渐析出，并聚集在气体继电器内部，气体不断积累，最终导致轻瓦斯动作。

【**措施建议**】加强变压器呼吸系统的日常巡视，尤其对温差较大时吸湿器不产生气泡、吸湿器变色硅胶长期不变色等异常情况进行关注，应立即查明原因，必要时应停电检查。

6 变压器非电量保护

6.1 气体继电器典型问题及解析

典型问题一 ▶ 调压开关设计选型时选用具有自保持功能的油流速动继电器

【**典型案例 1**】2013 年 11 月 7 日，某 220kV 变压器因油流速动继电器具有自保持功能，在对调压开关油室进行带电补油工作中重瓦斯动作，运行人员将重瓦斯发信恢复为跳闸时，变压器三侧断路器跳闸。调压开关油流速动继电器接线情况如图 6-1 所示，同类型油流速动继电器如图 6-2 所示。

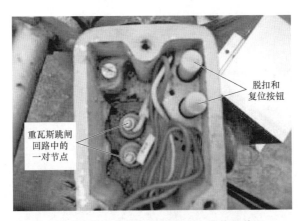

脱扣和
复位按钮

重瓦斯跳闸
回路中的
一对节点

图 6-1 调压开关油流速动继电器接线情况

【**典型案例 2**】2015 年 10 月，某 220kV 变压器在进行调压开关油流速动继电器重瓦斯信号核对时，检修人员发现该继电器只能本体复位，在运行过程中，如果需要对调压油流速动继电器进行复位，存在较大的触电风险。

图6-2 同类型油流速动继电器

【措施建议】调压开关设计选型时不应选用具有自保持功能的油流速动继电器，对已存在的该类型油流速动继电器应更换为自动复归型。

典型问题二 ▶ 变压器本体气体继电器取气盒玻璃观察窗质量不佳，导致观察窗破裂漏油

【典型案例】某变电站运行期间，相继出现5台变压器本体气体继电器取气盒因质量问题出现玻璃窗破裂，导致设备运行时漏油。取气盒玻璃观察窗破损如图6-3所示。

图6-3 取气盒玻璃观察窗破损

【措施建议】优化变压器本体气体继电器取气盒玻璃观察窗设计，加强质量控制，防止出现观察窗破裂导致漏油。

典型问题三 ▶ **油浸灭弧有载调压开关未配置重瓦斯跳闸触点，真空灭弧有载调压开关未配备轻瓦斯告警触点及重瓦斯跳闸触点**

【问题解析】油浸灭弧有载调压开关在切换过程中会产生轻微电弧，运行较久或者调挡频繁的有载调压开关会产生一定量的气体，属于正常现象，因此，油浸灭弧有载调压开关可仅配置重瓦斯跳闸触点，以防轻瓦斯误动。而真空灭弧有载调压开关在切换过程中一般不产生气体，如产生气体则说明有载调压开关存在内部故障，因此，真空灭弧有载调压开关必须配备轻瓦斯告警触点及重瓦斯跳闸触点。

【措施建议】油浸灭弧有载调压开关应选用油流速动继电器，不应采用具有气体报警（轻瓦斯）功能的气体继电器；真空灭弧有载调压开关应选用具有油流速动、气体报警（轻瓦斯）功能的气体继电器。

典型问题四 ▶ **重瓦斯保护试验时，没有在气体继电器本体实际验证跳闸功能，而是采用短接触点的方式进行验证**

【问题解析】本体及调压开关气体继电器都有出口跳闸的触点，在例试检修后需要进行气体继电器的传动试验，以验证气体继电器信号、跳闸回路的正确性，防止拒动和误动。变压器重瓦斯保护试验必须带三侧断路器用现场手按气体继电器的方式，不得采用短接触点的方式进行。

【措施建议】气体继电器应结合变压器停电检修进行轮换校验，重瓦斯保护试验必须带三侧断路器用现场手按气体继电器的方式跳闸，不得采用短接触点的方式进行。

典型问题五 ▶ **变压器投运前没有对重瓦斯保护投出口连接片进行传动试验**

【问题解析】变压器本体气体继电器或调压开关气体继电器保护必须分别投出口连接片进行试验，防止投运出现过电压损坏变压器。

【措施建议】变压器投运前要对重瓦斯保护投出口连接片进行传动试验。

典型问题六 ▶ **在抽真空前气体继电器已安装**

【问题解析】气体继电器的干簧管、浮球一般不能耐受高真空，在进行抽真空和真空注油时容易发生破裂，导致触点损坏和不正常导通。

【措施建议】气体继电器应在抽真空注油后再安装，若抽真空前设备的气体继电器已安装，则应先拆除，待注油完成后再安装气体继电器。

典型问题七 ▶ **配置排油充氮装置的新投变压器没有选用双浮球结构的气体继电器**

【问题解析】双浮球气体继电器为国外常用产品，主要生产厂家有意大利COM 和德国 EMB。它包含气体报警（轻瓦斯动作）、油流速动跳闸（重瓦斯）、低油面动作跳闸（与重瓦斯共用触点）功能。双浮球气体继电器的采用，使得注气和排油时均能动作，增强了对变压器本体的保护能力，但同时也提高了重瓦斯误动作概率。双浮球气体继电器的动作原理及结构图如图 6-4～图 6-7所示。

当变压器出现截止阀误关闭或胶囊堵塞等异常情况时，因储油柜内的油不能补充至油箱内，双浮球气体继电器低油位动作可避免导致器身暴露的风险。而当油从储油柜通向油箱本体流动时，下浮球会向下方动作，可能会引起低油面误动作导致变压器跳闸。

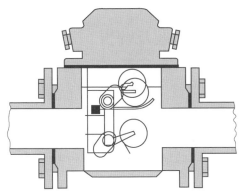

图 6-4　双浮球动作原理示意图

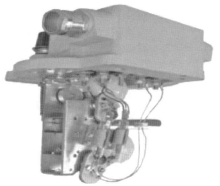

图 6-5　双浮球结构图 1

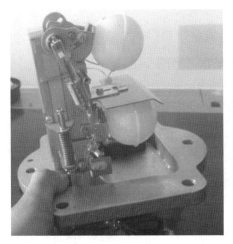

图 6-6　双浮球结构图 2

干簧接点管

图 6-7　双浮球中的干簧接点管

【典型案例】2007 年 7 月 17 日，某变压器压力释放阀动作，喷出少部分油，重瓦斯保护动作跳闸。经分析原因为：变压器本体油位过高，当负荷增大时，本体压力持续增大，致使压力释放阀动作喷油，导致产生油流涌动，造成重瓦斯误动跳闸。

【措施建议】配置排油充氮装置的新投变压器应选用双浮球结构的气体继电器。

6.2 压力释放阀典型问题及解析

典型问题一 ▶ 压力释放阀无升高座及阀门

【问题解析】压力释放阀应配有升高座及阀门，以便不排油即可进行压力释放阀的更换。在对变压器进行压力密封试验前，应将压力释放阀阀门关闭，防止压力释放阀误动。压力释放阀升高座安装最高点应有放气塞，以便安装、大修后排出升高座内残余空气。

【措施建议】压力释放阀应设计有升高座及阀门，升高座安装最高点应有放气塞。方便停电检修时对压力释放阀进行更换或校验。

典型问题二 ▶ 压力释放阀无与喷口管径一致的导向管

【典型案例】某 500kV 变压器压力释放阀下引导向管的口径不足 50mm，而释放阀喷口直径为 90mm。压力释放阀动作后内部压力无法正常释放，可能造成事故影响扩大。

【措施建议】压力释放阀应配有与喷口管径一致的导向管，保证压力正常释放。

典型问题三 ▶ 进行变压器密封试验时，没有将压力释放阀的阀门关闭，导致装置动作喷油

【典型案例】2013 年 4 月，某 500kV 换流变压器检修后进行压力密封试验，由于压力释放阀未配置阀门，且动作值较低，本体储油柜压力上升至 0.02MPa 时压力释放阀即动作，导致现场大量喷油。

【措施建议】进行变压器密封试验时，若压力释放阀配置有阀门，则应首

先将压力释放阀的阀门关闭。若无阀门，则压力密封试验应在变压器检修规程规定的密封试验压力值基础上，综合考虑压力释放阀动作阈值、储油柜距离本体顶部高度差所带来的压力增幅，适当减小施加压力防止装置动作喷油。

典型问题四 ▶ **容量为 120MVA 及以上的变压器，没有对角配置两台压力释放阀**

【**典型案例**】2011 年 8 月，某单台容量为 334MVA 的 500kV 变压器出厂验收过程中，发现压力释放阀不是对角布置，不能有效监测变压器本体实际压力。

【**措施建议**】容量为 120MVA 及以上的变压器，应配置两台压力释放阀，并在本体上部对角布置。

6.3　其他非电量保护典型问题及解析

典型问题 ▶ **变压器本体油位计、压力释放阀、气体继电器、油流速动继电器、压力突变继电器等未使用 304 不锈钢材质的防雨罩**

【**问题分析**】变压器本体油位计、压力释放阀、气体继电器、油流速动继电器、压力突变继电器等如不设置防雨罩，均容易发生二次接线端子受潮而导致误发信等故障。防雨罩应满足装置本体及二次电缆进线 50mm 应被遮蔽，45° 向下雨水不能直淋的要求。

【**措施建议**】变压器本体保护应加强防雨、防震措施，户外布置变压器的本体油位计、压力释放阀、气体继电器、油流速动继电器、压力突变继电器等应加装使用 304 不锈钢材质的防雨罩。防雨罩安装应固定可靠，便于观察并方便拆装。防雨罩应能遮蔽装置本体及二次电缆进线 50mm，45° 向下雨水不能直淋。

7 变压器其他问题

7.1 消防系统典型问题及解析

典型问题一 ▶ 变压器的感温线安装不符合要求，且在储油柜上布置感温线

【问题解析】感温线的固定部件在室外长期运行后容易老化断裂、绑扎不牢固，存在固定支架、感温线脱落的风险，为了防止感温线滑落引起套管间短路放电等故障，停电检修时要对储油柜、套管升高座上的感温线进行拆除，对变压器的感温线进行重新固定整理，绑定不得使用塑料扎带。

【典型案例】2012 年 9 月 17 日，某变压器因储油柜上的感温线被风吹落，搭接在中压侧 A 相套管上，导致单相接地故障，引起变压器跳闸。

【措施建议】变压器的感温线应分别在本体油箱下箱沿以上及上箱沿以下100mm 左右分两层布置，储油柜、套管升高座上不得布置感温线，停电检修时要对感温线进行固定整理。

典型问题二 ▶ 没有对灭火装置进行定期维护和检查，导致装置误动和拒动，或引发变压器本体故障

【问题解析】目前大多灭火装置的检修维护不够深入，许多灭火装置不能正确发信和动作，同时也有大量装置出现了油气隔离阀、排油阀渗漏油等缺陷，应在例行试验检修对灭火装置进行全面的检查维护，以减少灭火装置在运行时

的误发信和渗漏油缺陷，防止装置误动和拒动。

【典型案例】2017 年 7 月 27 日至 31 日，某 220kV 变压器先后报发 4 次本体轻瓦斯动作信号。经检查发现为排油充氮装置中氮气经充氮管道进入本体，引发轻瓦斯动作，后经断开氮气瓶与充氮管道的连接，变压器再未报轻瓦斯动作信号。

【措施建议】应结合例行试验检修，定期对灭火装置进行维护和检查，以防止装置误动和拒动，或引发变压器本体故障。

典型问题三 ▶ 变压器投运前，排油注氮装置截流阀未打在"运行"位置，造成截流阀拒动

【问题解析】截流阀安装在储油柜与气体继电器之间，箭头指向油箱，用法兰连接。当储油柜至本体的油流大于某一速率时，截流阀自动关闭切断油流。通过手柄可以改变截流阀内部挡板位置，其中"检修"位置为强制常开状态，"运行"位置为非强制常开状态，"试验"位置为强制关闭状态。截流阀动作时，可输出接点信号。截流阀如图 7-1 所示。

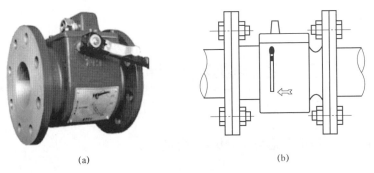

(a)   (b)

图 7-1 截流阀
(a) 实物图；(b) 结构图

【典型案例】2012 年 6 月，某 220kV 变压器进行抽全真空时，本体真空度在很短时间内即达到 133Pa 以下，检查发现工作人员错误地将排油注氮截止阀打在"试验"位置，截流阀关闭，导致仅对变压器储油柜进行抽真空。

【措施建议】变压器投运前，应将排油注氮装置截流阀打在"运行"位置，防止截流阀拒动。

典型问题四 ▶ **排油注氮保护装置排油注氮启动（触发）功率、注油阀动作线圈功率不满足要求；注氮阀与排油阀间没有机械联锁阀门；动作逻辑关系不符合要求**

【问题解析】运行中时常出现电磁干扰触发误动、电气绝缘老化短接造成排油或注氮等情况，故通过提高触发功率，将排油和注氮进行电气联锁，并增加其他保护设备的关联度，如变压器重瓦斯保护、三侧断路器跳闸、油箱超压开关或火焰探头告警同时动作后，才启动保护装置动作，以提高可靠性，减少误动。

【措施建议】排油注氮保护装置应满足：排油注氮启动（触发）功率应大于 220V×5A（DC）；注油阀动作线圈功率应大于 220V×6A（DC）；注氮阀与排油阀间应设有机械联锁阀门；动作逻辑关系应同时满足本体重瓦斯保护动作、变压器断路器开关跳闸、油箱超压开关动作或火焰探头告警信号"与"逻辑时才能启动排油充氮装置。

7.2　电抗器典型问题及解析

典型问题一 ▶ **电抗器绝缘子外绝缘表面脏污**

【典型案例 1】2009 年 8 月，某 220kV 变压器限流电抗器室 10kV 母排 C 相支柱绝缘子发生单相接地故障，随之发展为 B、C 两相短路接地故障，导致变压器差动保护动作，三侧断路器跳闸。事件原因为该电抗器支柱绝缘子爬电比距不满足现场污秽等级 A 级要求，且表面积污严重，引起沿面放电造成单相接地。

【典型案例 2】2013 年 4 月 23 日，某 220kV 变压器保护 A、B 屏差动保护动作，2 号变压器三侧断路器跳开。故障后检查，2 号变压器低压侧限流电抗器室内电抗器变压器侧母线排支柱绝缘子及母线排上有明显放电痕迹。本次变压器跳闸原因为 10kV 限流电抗器室内发生母线相间闪络引发三相接地短路，由于故障点在差动范围内，导致变压器差动保护动作，变压器三侧断路器跳开。

【措施建议】例行试验检修过程中，应加强室内电抗器绝缘子外绝缘表面清扫及室内通风设备维护工作，防止绝缘子表面积灰引起闪络或沿面放电。

典型问题二 ▶ 干式空芯电抗器采用叠装结构安装方式

【问题解析】叠装结构的空芯串联电抗器相间距离较近，如小动物或较大的鸟类窜入电抗器内，会造成相间短路故障，严重时会引起变压器跳闸，造成大面积停电。

【措施建议】新安装的干式空芯并联电抗器、35kV 及以上干式空芯串联电抗器不应采用叠装结构，10kV 干式空芯串联电抗器应采取有效措施防止电抗器单相事故发展为相间事故。

典型问题三 ▶ 对于有防雨罩的 35kV 并联电抗器，在例行试验检修时未对顶部进行检查和清扫，导致鸟类筑巢影响散热

【典型案例】2016 年 3 月，某 500kV 变电站在进行并联电抗器组例行试验检修中发现电抗器顶部有大量树枝，影响电抗器通风道的散热。

【措施建议】对于有防雨罩的 35kV 并联电抗器，应在例行试验检修时对顶部进行检查和清扫，防止鸟类筑巢影响散热。

典型问题四 ▶ 在电容器组的串抗开展检修工作（如更换锈蚀螺栓等）时，
         将螺栓、金属平垫和弹垫等金属件跌入电抗器通风管道，造
         成电抗器内部短路

【问题解析】如在检修工作中将螺栓、金属平垫和弹垫等金属件跌入电抗
器通风管道，随着金属部件的锈蚀腐化，电抗器的外层漆包将劣化，运行过程
中存在电抗器内部短路烧损的风险。

【措施建议】在电容器组的串抗开展检修工作（如更换锈蚀螺栓等）时，
应做好防止螺栓、金属平垫和弹垫等金属件跌入电抗器通风管道的措施，防止
造成电抗器内部短路。

典型问题五 ▶ 干式串联电抗器出厂和投运前，表面没有涂覆防水防紫外线
         涂料，线圈绕组叠包、包封玻璃丝带浸渍工艺是不满足要求

【问题解析】电抗器表面涂覆 RTV 工艺会明显提高材料耐水性、抗腐蚀性
和减小表面泄漏电流密度，并提高沿面放电电压。

【典型案例】2010 年 3 月 26 日，某 220kV 变电站 10kV 电容器组串联电抗
器 B 相起火。起火原因是电抗器线圈绕组叠包工艺不良，包封玻璃丝带浸渍不
完全（如图 7-2 所示），包封外表面没有全部采取涂覆 RTV 防水防紫外线涂料

图 7-2　玻璃丝带浸渍不完全

（如图7-3所示），在电抗器表面形成连续的导电性水膜，或匝间绝缘老化击穿，引起匝间短路，形成环流，导致电抗器起火。串联电抗器烧黑痕迹及绕组熔化情况如图7-4和图7-5所示。

图7-3　中间包封表面没有涂覆RTV涂料

图7-4　串联电抗器烧黑痕迹

图7-5　串联电抗器绕组熔化情况

【措施建议】干式串联电抗器出厂和投运前，应检查表面是否涂覆防水防紫外线涂料，线圈绕组叠包、包封玻璃丝带浸渍工艺是否满足要求。

典型问题六 ▶ 室内限流电抗器的易积灰绝缘子未采用全瓷式，爬电距离不符合要求

【问题解析】复合绝缘支柱绝缘子本身材质易于在高电压、积灰、凝露情况下发生电晕起痕，易受电晕产生的臭氧发生老化，且起痕或老化不可恢复，只会不断恶化。

【典型案例】2013 年 12 月 12 日，某 220kV 变压器出口限流电抗器室内隔离开关 A、B 相支柱绝缘子存在疑似发热缺陷（如图 7-6 和图 7-7 所示）。经分析为其支柱绝缘子为复合式，在高电压、积灰、凝露情况下易起痕或老化。

图 7-6　3103 隔离开关 A 相支柱绝缘子　　图 7-7　3103 隔离开关 B 相支柱绝缘子

【措施建议】室内限流电抗器的易积灰绝缘子宜采用全瓷式，如为复合式绝缘，应采取提高爬电距离等措施。

7.3　电容器典型问题及解析

典型问题一 ▶ **新安装电容器组的固定围栏形成金属回路，无绝缘隔板阻断环流**

【典型案例】2015 年 11 月，某新建 220kV 变电站投运前竣工验收中发现，电容器组固定围栏间虽设置了一个绝缘隔板以避免形成金属回路，但固定螺栓采用的是金属材质，而非绝缘树脂螺栓。

【措施建议】新安装电容器组的固定围栏应避免形成金属回路，四周固定围栏间应设置绝缘隔板，且绝缘隔板的固定螺栓不得采用金属螺栓，以免串抗的漏磁使固定围栏形成环流。

典型问题二 ▶ 并联电容器组的单个电容器的编号布置不符合要求

【问题解析】并联电容器组时常因故障而更换单个电容器，如果编号布置在单个电容器上，新更换的电容器将没有运行编号。

【措施建议】并联电容器组的单个电容器的编号应布置于构架上，且宜采用不锈钢材质。

典型问题三 ▶ 新安装的并联电容器组没有采用内熔丝保护式电容器

【问题解析】内熔丝电容器相比于带外熔断器的电容器，减少了连接点和发热风险，外熔断器的有效使用期限为 5 年，后期检修维护成本较大。

【措施建议】新安装的并联电容器组在设计选型时必须采用内熔丝保护式电容器。

典型问题四 ▶ 未定期进行电容器组单台电容器电容量的测量，对于电容器的参数变化不清楚

【问题解析】采用内熔丝的电容器，当实际运行中减容超过 3% 时，由于内部熔丝熔断，剩下完好的与其并联的电容元件会因容抗升高而承受过电压运行，很容易发生损坏。

【典型案例 1】2015 年 6 月，某 220kV 变电站 10kV 电容器组（内熔丝保护）不平衡电流跳闸，经诊断试验发现 A1、A3、C2、C10 四个电容器的电容量低于铭牌电容值 3% 以上。

【典型案例 2】2016 年 3 月，某 220kV 变电站 10kV 电容器组（外熔断器

保护）在例行试验中发现 B 相 5 号电容器的电容值为 17.02μF，远超铭牌标注值 13.4μF。

【措施建议】电容器例行试验要求定期进行电容器组单台电容器电容量的测量，应使用不拆连接线的测量方法，避免在拆装连接线条件下，导致套管受力而发生套管漏油的故障。对于内熔丝电容器，当电容量减少超过铭牌标注电容量的 3%时，应退出运行，避免电容器带故障运行而发展成扩大性故障。对用外熔断器保护的电容器，一旦发现电容量增大超过一个串段击穿所引起的电容量增大，应立即退出运行，避免电容器带故障运行而发展成扩大性故障。

典型问题五 ▶ 在电容器及其构架上作业未规定进行逐相多次对地充分放电

【问题解析】电容器作为大电容设备，需多次对地充分放电才能将剩余电荷放掉，以免检修人员触电受伤。而对于故障的电容器组，应对故障的单个电容器进行多次放电。

【措施建议】在电容器类设备上作业前应逐相多次对地充分放电，对 35kV 构架式电容器组，还要对三相的构架进行多次对地充分放电。对故障跳闸的电容器组，还应对故障的电容器单元进行多次对地充分放电。